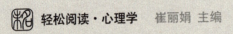 轻松阅读·心理学　崔丽娟　主编

人生探脉

发展心理学通俗读本 | 姜 月 王 茜 杨宇然 ◎著

Rensheng Tanmai

图书在版编目(CIP)数据

人生探脉:发展心理学通俗读本/姜月,王茜,杨宇然著.—北京:北京大学出版社,2009.9
(未名·轻松阅读·心理学)
ISBN 978-7-301-15484-7

Ⅰ.人… Ⅱ.①姜…②王…③杨… Ⅲ.发展心理学—通俗读物 Ⅳ.B844-49

中国版本图书馆 CIP 数据核字(2009)第 116658 号

书　　　名:	人生探脉:发展心理学通俗读本
著作责任者:	姜　月　王　茜　杨宇然　著
责 任 编 辑:	魏冬峰
标 准 书 号:	ISBN 978-7-301-15484-7/C · 0532
出 版 发 行:	北京大学出版社
地　　　址:	北京市海淀区成府路 205 号　100871
网　　　址:	http://www.pup.cn　电子信箱: zpup@pup.pku.edu.cn
电　　　话:	邮购部 62752015　发行部 62750672　编辑部 62752824
	出版部 62754962
印　刷　者:	北京宏伟双华印刷有限公司
经　销　者:	新华书店
	890 毫米×1240 毫米　A5　7 印张　150 千字
	2009 年 9 月第 1 版　2009 年 9 月第 1 次印刷
定　　　价:	18.00 元

未经许可,不得以任何方式复制或抄袭本书之部分或全部内容。
版权所有,侵权必究
举报电话:(010)62752024　电子信箱: fd@pup.pku.edu.cn

总　序

　　《心理学是什么》（北京大学出版社2002年版）一书出版后，每年我都会收到很多读者来信，他们对心理学的热情和想继续学习研究的执著，常常感动着我。2005年我国心理咨询师从业证书考核工作启动，更是推动了全社会对心理学的关注与投入："心理访谈"、"心灵花园"、"情感热线"等栏目，成为多家电视台的主打节目；心理培训、抗压讲座、团体训练等等，成为各类企业管理中的新型福利之一；商品的广告设计、产品包装的色彩与图案、产品的价格设置等等与消费心理学的联姻，使商家在销售活动中"卖得好更卖得精"……

　　社会对心理学的热情最终推动了学子们对心理学专业学习和选择心理学作为终身职业的热情。读者中有许多都是在校读书的学生，有学生来信说，正是因为阅读了《心理学是什么》，他最终在高考时选择了心理学专业；有非心理学专业的大学生来信说，因为《心理学是什么》一书，使他们在毕业之际放弃了四年的专业学习，跨专业报考心理学专业的研究生。学生们在来信中不约而同地指出，心理学的蓬勃发展，使今日的心理学有了众多的分支学科，在面对异彩纷呈的心理学研究领域时，该选心理学中的哪一个分支学科，作为自己一生的研究与追求呢？他们希望能有更进一步阐释心理学各分支学科的书籍，帮助他们在选择前，能了解、把握心理学各分支学科的研究框架和基本内容。所以，当从北京大学出版社杨书澜女士处接到组织写作这套心理学丛书的邀请时，我倍感高兴。可以说，正是读者的热情与执著，最终促成了这套心理学丛书的诞生。

我们知道，心理学，尤其现代心理学，研究内容非常广泛，涉及社会生活的方方面面。因此，在社会生活的众多领域，我们都可以见到心理学家们活跃的身影。比如，在心理咨询中心、精神卫生中心以及医院的神经科，我们可以看到咨询心理学家或健康心理学家的身影，他们为那些需要帮助的人提供建议，解决他们的心理困惑，帮助来访者健康成长，对那些有比较严重心理疾病的患者，如强迫症、厌食症、抑郁症、焦虑症、广场恐惧症、精神分裂症等，则实施行为矫治或者药物治疗。除了给来访者提供以上帮助之外，他们也做一些研究性工作。在家庭、幼儿园和学校，儿童心理学家、发展心理学家和教育心理学家发挥着重要的作用。儿童心理学家、发展心理学家研究儿童与青少年身心发展的特征，特别是儿童的感知觉、智力、语言、认知及社会性和人格的发展，从而指导教师和家长更好地帮助孩子成长，并给孩子提供学习上、情感上的帮助和支持；教育心理学家研究学生是如何学习，教师应该怎样教学，教师如何才能把知识充分地传授给学生，以及如何针对不同的课程设计不同的授课方式等等。心理学的研究与应用领域很多很多，如军事、工业、经济等，凡是有人的地方就有心理学的用武之地，可以说，心理学的研究，涵盖了人的各个活动层面，迄今为止，还没有哪一门学科有这么大的研究和应用范围。美国心理学会（APA）的分支机构就有 50 多个，每个机构都代表着心理学一个特定的研究与应用领域。在本套丛书中，我们首先选取了几门目前在我国心理学高等教育中被认为是心理学基础课程或专业必修课程的心理学分支学科，比如普通心理学、实验心理学、发展心理学、心理测量、人格心理学、教育心理学等。其次，选取了几门目前社会特别需求或特别热门的心理学分支学科，比如咨询心理学、健康心理学、管理心理学、儿童心理学等。我们希望，能在以后的更新和修订中，不断地把新的心理学分支研究领域补充介绍给大家。

本套丛书仍然努力沿袭《心理学是什么》一书的写作风格，即试图从人人熟悉的生活现象入手，用通俗的语言引出相关的心理学分支学科的研究与应用，让读者看得见摸得着，并将该研究领域的心理学原理与自己的内心经验互相印证，使读者在轻松阅读中，把握心理学各分支研究领域的基本框架与精髓。

岁月匆匆，当各个作者终于完成书稿，可以围坐在一起悠然喝杯茶时，大家仍然不能释然，写作期间所感受到的惶然与忐忑，仍然困扰着我们：怎样理解心理学各分支学科？以什么样的方式来叙述各心理学分支学科的理论流派和各种心理现象，以使读者对该分支学科有更为准确的理解和把握？该用什么样的写作体例，并对心理学各分支学科的内容体系进行怎样的合理取舍，对读者了解和理解该分支心理学才是最科学、最方便的？尽管我们在各方面作了努力，但我们仍然不敢说，本套丛书的取舍和阐释是很准确的。正如我在《心理学是什么》一书的前言中写道："既然是书，自有体系，人就是一个宇宙，有关人的发现不是用一个体系能够描述的，我们只希望这是读者所见的有关心理学现象和理论介绍的独特体系。"

交流与指正，可以使我们学识长进，人生获益。我们热切地盼望着学界同人和读者的批评与指教。同时我也要感谢北京大学出版社杨书澜女士和魏冬峰女士的支持与智慧，正是她们敦促了该套丛书的出版，认真审阅并提供了宝贵的修改意见。

最后我要感谢参与写作这套丛书的所有年轻的心理学工作者们，正是他们辛勤的工作和智慧，才使这些心理学的分支学科有了一个向大众阐释的机会。

崔丽娟

2007 金秋于丽娃河畔

目 录

总序 / 001

第一章 绪论——发展心理学的这些那些 / 001
  第一节 发展心理学的含义 / 001
  第二节 发展心理学的历史和现状 / 003
  第三节 中国发展心理学概况 / 006
  第四节 心理发展的实质和特点 / 008

第二章 发展模式多棱镜——发展心理学的理论 / 017
  第一节 精神分析论 / 017
  第二节 行为主义理论 / 024
  第三节 认知发展论 / 031

第三章 透视发展的 ABC——发展心理学研究方法 / 037
  第一节 基本研究方法 / 037
  第二节 发展心理学的研究设计 / 043
  第三节 发展研究中的伦理问题 / 058

第四章 起跑线之前的赛程——胎儿心理的发展 / 062
  第一节 儿童出生前的生理发展 / 062

第二节　影响胎儿产前发展的因素 / 067
第三节　出生后的婴儿 / 076

第五章　摇篮里的怀疑与信任——婴儿心理发展 / 080
第一节　婴儿的生理发展 / 080
第二节　婴儿的心理发展 / 085

第六章　主动接触奇妙的世界——幼儿期儿童心理的发展 / 098
第一节　幼儿记忆的发展 / 100
第二节　幼儿思维的发展 / 104
第三节　幼儿自我意识的发展 / 109
第四节　幼儿道德发展理论 / 112

第七章　学习中的勤奋与自贬——童年期儿童心理的发展 / 125
第一节　童年期儿童的记忆发展 / 125
第二节　童年期儿童的思维发展 / 131
第三节　童年期儿童的情感发展 / 137
第四节　童年期儿童的个性社会性发展 / 139
第五节　童年期儿童品德的发展 / 142

第八章　懵懂而躁动的中学生——青春期的心理发展 / 145
第一节　青春期的生理发展 / 146
第二节　青春期的认知发展 / 147
第三节　青春期的情绪发展 / 151
第四节　青少年自我意识的发展 / 154

第九章　独立性与亲密感谁与争锋——成年初期心理的发展 / 159

　　第一节　成年初期的生理变化特点 / 160

　　第二节　成年初期认知发展的特点 / 161

　　第三节　自我的形成 / 162

　　第四节　亲密关系的建立 / 166

　　第五节　长久亲密关系的维持 / 171

第十章　创造与责任是压力还是动力 ——成年中期的心理特征 / 174

　　第一节　成年中期的生理变化及其特点 / 175

　　第二节　成年中期心理能力的发展 / 179

　　第三节　成年中期的人格发展 / 182

　　第四节　成年中期的心理问题和心理危机与调试 / 184

　　第五节　成年中期的心身保健 / 190

第十一章　再度精彩的旅程——成年晚期的心理发展 / 195

　　第一节　成年晚期的生理变化特征 / 196

　　第二节　成年晚期的智力发展 / 197

　　第三节　成年晚期的情绪情感变化 / 201

　　第四节　空巢现象 / 203

　　第五节　成年晚期的心理及心理健康保健 / 208

第一章 绪 论

——发展心理学的这些那些

第一节 发展心理学的含义

发展心理学是心理学的一个重要分支。在了解发展心理学的含义之前，我们先看看发展是什么意思。发展的英文是 development，原来的含义是打开卷轴而解读其内容之意，为 envelope（封闭）的反义，其意指基本形态是原先就确定，我们只是等待它的出现而已。更进一步解释发展的内涵，是指潜藏在内部的东西逐渐地显现到表面。依《广辞苑》的解释，发展是指：（一）发育至完全形态；（二）进步以迈向完全的境地；（三）生命个体在其生命活动里，适应环境的过程；它包含成长和学习的要素，具有成长和充实的意思。而广义的发展系指个人存在的这段时间，个体在受到基因影响的条件下，身心由于年龄成熟、环境刺激、自身与环境交互作用的经验等相结合而产生有顺序的改变历程。而狭义的发展则仅仅指出生到青年期或成年期。

那么发展心理学究竟是什么呢？从狭义上说，就是指人类个体发展心理学。它研究个体从受精卵形成到死亡的整个生命过程中心理和行为的发生与发展的规律，以及人生各个阶段的心理年龄特征。从广义上说，发展心理学包括动物心理学或比较心理学——比较动物演进过程中不同阶段的代表性心理，研究动物种系心理发展的图景与规律；比较处于人类不同历史时期的各民族心理，研究人类种系心理发展的历史轮廓和规律，以及研究人类个体一生心理发展规律的个体发展心理学。

从逻辑上讲，发展心理学应全面地研究人生的各个阶段，但很长时间以来，人们把主要精力集中于研究婴儿、儿童与青年。"发展心理学"一词就往往同"儿童心理学"、"青年心理学"、"发生心理学"等词交互使用。所以，至今仍有不少发展心理学实际上仅是以儿童为研究对象的发展心理学。发展心理学最初的研究兴趣仅限于学校儿童，后来才往前推移到学前儿童，再扩展到新生儿与胎儿。第一次世界大战后，发展心理学家开始研究青年。在第二次世界大战前，只对成年早期作了很有限的一些研究。所以，1933年，迈尔斯（Miles）曾提醒人们，对成年早期、中年期和老年期的心理发展了解太贫乏了。而今，随着社会的进步，老年人口比例迅速增长，老年人的个人和社会问题越来越引起人们重视，于是在发展心理学中又分化出一个特殊的分支——老年心理学。最近又有学者强调中年期的研究，因为人们在中年期若能很好地适应生理、心理上的变化，老年期的适应问题就会大大减少。总之，现在的发展心理学已逐步分化出各个以专门年龄阶段为研究对象的分支学科。它主要包括婴儿心理学、幼儿心理学、儿童心理学、青年心理学、成年心理学、中年心理学和老年心理学。本书主要以人生阶段为分界，介绍处于不同阶段个体的身心发展特征，希望对发展心理学的爱好者和研修者有所帮助。

第二节 发展心理学的历史和现状

一、科学的儿童心理学的产生

科学的儿童心理学产生于 19 世纪后半期。如果说，心理学正式成为科学，是从 1879 年德国冯特（W.Wundt）在莱比锡建立第一个心理实验室算起，那么，儿童心理学正式成为科学则从 1882 年德国生理和心理学家普莱尔（W.Preyer，1842—1897）的《儿童心理》一书的出版算起，因为这在心理学史上是第一部用观察和实验方法研究儿童心理发展的比较有系统的科学的著作。但是近代儿童心理学的产生并不直接源于心理科学的建立，而是有其自身的独特的历史背景。

推动儿童心理学产生的第一个原因是由于近代社会的发展。在西方，中古时代的封建社会，也和其他各国的封建社会一样，妇女和儿童是没有独立的社会地位的，并且甚至是受迫害的，因此，不可能产生关于儿童心理的研究。约从十四五世纪文艺复兴起，新兴资产阶级从经济上、政治上以至意识形态上进行了反封建反教会的斗争，一些进步的思想家开始提出尊重儿童、发展儿童天性的口号。例如，17 世纪捷克的教育家夸美纽斯（J.A.Comenius）编写了第一本儿童课本《世界图解》。17 世纪英国唯物主义经验主义哲学家洛克（J.Locke）提出对儿童的教育要"遵循自然的法则"。

18世纪法国启蒙教育家卢梭（J.J.Rousseau）发表了有名的儿童教育小说《爱弥儿》，他抨击当时的儿童教育违反儿童天性，指出："……他们总是用成人的标准来看待儿童，而不去想想他在未成年之前是个什么样子。"

推动儿童心理学产生的第二个原因是由于近代自然科学的发展。近代科学的三大发明：细胞学说、能量守恒和进化论，推翻了形而上学的科学观，促进了辩证的自然观，要求科学要从发展变化上来研究事物的本质和规律。心理科学受到这一影响，从而也先后开展了动物心理发展、民族心理发展、儿童心理发展的研究。一个很好的例子就是，伟大的进化论的创造者达尔文根据长期观察自己孩子的心理发展的记录写下著作《一个婴儿的传略》(1876)。当时关于这样的著作很少，这就为儿童心理学的产生准备了直接前提。

推动儿童心理学产生的第三个原因是由于近代教育的要求。近代教育的一个重要特点就是要求了解儿童、尊重儿童。除上面提到的夸美纽斯、卢梭外，在教育理论中还有一种所谓的"心理学化的教育"观点，主张教育应以心理学的规律作为依据。其中著名的有裴斯泰洛齐（J.H.Pestalozzi）、福禄培尔(P.Froebel)、赫尔巴特（F.Herbart）等人。裴斯泰洛齐在1774年还特别对他一个不到三岁的孩子用日记法写下了大约一个月的观察记录。虽然现在看来，科学价值不大，但这应当算是儿童心理研究的先声。由于这些教育家的推动，到了19世纪后期，研究儿童的著作和组织就如雨后春笋般地出现了。

二、发展心理学的产生

美国心理学家何林渥斯（H.Z.Hollingwerth）最先提出要追求人的心理发展全貌，而不是满足于孤立地研究儿童心理，并于 1930 年出版了《发展心理学概论》(Mental Growth and Decline: A Survey of Development Psychology) 一书，这是世界上第一部发展心理学著作。与此同时，另一位美国心理学家古德伊洛弗 (Florence L.Goodenough) 也提出了同样的观点，写出了在科学性与系统性上超过何林渥斯著作的《发展心理学》(Developmental Psychology)。古德伊洛弗认为，要了解人的心理，必须全面研究影响产生的心理的各种条件和因素，要把心理看作持续不断地发展变化的过程。不仅要研究表露于外的行为，还要研究内在的心理状态；不仅要研究儿童、青少年，还要研究成年和老年；不仅要研究正常人的心理发展，还要研究罪犯和低能人的心理发展。所以，古德伊洛弗主张对人的心理研究，要注意人的整个一生，甚至还要考虑到下一代。

从 1957 年开始，美国《心理学年鉴》用"发展心理学"(Developmental Psychology) 作章名，代替了惯用的"儿童心理学"(Child Psychology)。三十多年来，发展心理学的发展有了更深入的研究，特别是对成人心理发展作了有创新意义的研究，其中包括：对成人记忆的研究、对成人思维发展的研究、对成人智力发展趋势的研究、对成人道德发展的研究、对成人自我概念发展的研究。

在上述研究的基础上，西方发达国家发表和出版了大量的毕生发展或生命全程发展心理学 (Life-span Developmental Psychology) 的著作。最有影响的心理学家是巴尔特斯 (P.B. Baltes)，他分别于 1969 年和 1972 年在西弗吉尼亚大学组织了三次毕业发展心理学学术会议，会后出版了三部论文集：《毕生发展心理学：理论与研究》(1970)、《毕生发展心理学：方法学问题》(1973) 和《毕生发展心理学：人格社会化》(1973)。1978年以来,他担任了《毕生发展与行为》一书的主编。1980年,巴尔特斯等人在《美国心理学年鉴》上发表一篇评价毕生发展心理学的文章,提出了人生全程研究及其理论发展的原因,一是第二次世界大战前开始一些追踪研究的被试正进入成年期;二是对老年心理的研究推动了成年期心理的研究;三是许多大学生开展了毕生发展心理学的研究。发展心理学正是在这近20年的广泛研究中发展起来的。

第三节 中国发展心理学概况

20世纪初发展心理学被引进中国并在这里生根开花。大约在1919年前后,若干儿童心理学书籍被译成中文。一些学者采用发展心理学的基本原理和方法,在中国进行了具有先驱性意义的研究。此后,更加广泛深入的研究,使中国发展心理学体系日趋完备,对发展心理学在中国的传承贡献卓著。这些心理学家包括:潘菽(1897—1988)、左任侠(1901—1997)、陈立(1902—2004)、朱智贤(1908—1991)、刘范(1918—1988)、李伯黍(1914—)等。

建国后,中国发展心理学的成长可谓一波三折。1949—1958年,中国主要借鉴苏联的经验,同时结合本国实际,在儿童方位知觉,六七岁儿童年龄特征比较,词在儿童概念认识中的作用等方面取得了很好的成果。但这一阶段以国内对心理学界的批判而告终。1959—1965年,心理学领域"百家争鸣"的局面得以恢复,促成了中国发展心理学在60年代初的第一个繁荣期。这段时间里开展的研究横跨儿童早期到青少年期，尤以幼儿期及学龄初期儿童心理研究的居多；关注了儿童发展的生理机制、心理过程、年龄特征等多个领域；在有关儿童发展的重大理论问题上也有所突破。1962年出版的《儿童心理学》（朱智贤编写）成为新中国第一部紧密结合国情、兼容并蓄国内外学术成就、体现中国当时学术水平的发展心理学教材。同时，西方发展心理学的评介工作也逐步展开，皮亚杰（J.Piaget）、瓦龙（H.Wallon）等人的理论进入中国。1966—1976年，中国内地的"文化大革命"使整个心理学事业濒临毁灭。1976年"文革"结束，心理学走出低谷，发展心理学才迎来了发展新纪元。

与发展心理学各领域研究的不断深入相适应，发展心理学的书籍大量出版，数量之多、种类之全、领域之广、乃前所未有。一方面，诸如朱智贤、刘范等人的儿童心理学教材不断被修订重印。朱智贤于60年代主编的《儿童心理学》到1993年修订3次；印次更多，仅1993—1998年5年期间，即有5次。另一方面，一些发展心理学教材陆续印出。涉及人生各发展阶段的书目齐全：如婴儿心理学、学前儿童心理学、小学生心理学、中学生心理学、青年心理学、中年心理学、老年心理学等，毕生发展观已体现于诸多著作之中。而且，各发展领域的著述颇丰：比如儿童发展理论、儿童心理研究方法、思维发展、认知发展、儿童社会性发展、品德发展、个性发展与教育等。再有，发展心理学方面的译作大增，诸如《认知发展》（Flavell）、《心理模块性》（Fodor）、《超越模块性》（Karmiloff-Smith）、《儿童发展》（Berk）等等反映发展心理学研究新进展的书籍；除此之外，还有不少科普性的书籍纷纷被译成中文。在译作方面，一个突出的特点就是时效性极强,往往某本书出版不久就能以中文版与读者见面了。还有,此间还出版了不少发展心理学研究文集,涉及儿童认知发展、语言发展、跨文化心理发展、超常儿童心理研究等内容,反映了中国最新的研究成果。此外,大量发展心理学科普读物涌现出来,这些读物有的面向家长、有的面向教师、还有的是直接面向广大青少年,许多作品融心理学的理论于朴素的语言叙述之中,通俗易懂,非常利于发展心理学知识的普及。

第四节 心理发展的实质和特点

一、发展的特征是什么

发展心理学家描述在整个人生中与年龄有关的行为变化。所谓整个人生是指一个人从被孕育到死亡。大多数描述发展心理学基本特征的文献中都强调,如果要研究整个生命阶段的变化,传统的发展概念必须加以扩展和修改。越来越强调的是,脱胎于生物学的"成长"概念虽然在有些方面还是有用的,但它的有些特征在研究一生阶段中的老年期变化时就显得不太合适了,或者显得很有局限。那么发展具有哪些特征呢?

1. 发展是某种变化

是不是有变化就可以推测为是一种发展呢?显然不是的,因为并不是所有的变化都是发展的表现。比如一条河随着季节的更替,水流的宽窄变得不同,这是一种变化,但这种变化并不是发展,因为后一段时间中的水的状况并不因前一段时间的状况为变化条件。如果一条河里的水因经过某次大流量后逐渐产生一些变化，那么就可以看作是一种发展。因为新的河水流量发展不是一种偶然事件，而是至少在一定程度上与迄今的河水流量有区别。在新老河水流量之间有某种联系，这就是产生发展的一个重要条件，发生变化的因素与表面现象间有一种"内在的联系"。

类似的例子也可以在人身上看到，比如一个学生学习一种外语，如果他能每天记住5个新的单词，那么他的知识就有了变化，但是如果今天学的内容与过去学的内容没有联系那还不能看做是发展。如果一个人在第一天记住了10个单词，第二天20个，第三天15个，那不仅仅是学习内容在定期发生变化，而且知识的量也在不断扩大。当然如果今天和昨天学习的内容没有联系，那这种变化还不能看做是发展，而只是任意的单词学习。只有把这些学习过的单词用来回答问题，用来更好地理解课文，把它们与过去学过的东西形成新的联系，那才能说是语言能力的发展。

2. 发展持续整个人生

自科学发展心理学诞生以来，心理学家们不约而同地都在研究个体在儿童期和青年期的发展，似乎发展是成熟期以前的事。而成人的变化（成熟期以后）就不算发展，而只是"衰老"了，或者说认为成人是不断衰退或丧失的过程。

对于现在的发展心理学家而言，这样的观点实在是太狭窄了。巴尔特斯（P.B.Baltes）认为："人生各个阶段的发展是成长和衰退过程的全部产物。"如果问一个人在成年期通常会发生哪些变化，那么成人一般会给出这样的回答"年龄越大越不受人欢迎，可控制的变化也越少。但老年人也有所得，老年人更庄重，更有见地"。

发展的概念绝对不是变化"多"与"少"的区分，而是指变化的方向。一种发展可以是一种机能的改善，比如智力的增长，也可以是一种机能的衰退，如视力的降低。有时一种变化没有明显的获得和丧失也是发展。

如果把"发展视为是一种获得和丧失的过程"，这并不意味着获得和丧失的关系在整个人生发展过程中都是一成不变的。有时获得的东西比丧失的多，有时丧失的东西比获得的更多。如果要描述整个发展过程，就应该从怀孕期开始，在这一人生最早期的阶段就已经出现丧失和获得的过程。对胎儿进行观察时，可以发现"丧失的东西比获得的多"这一假设是成立的。比如胎儿大脑中的脑细胞比他以后所使用的脑细胞要多得多。在这一人生最初的阶段，随着大脑不断发展，没有形成联系的神经细胞就不断地死亡。类似的例子还有女性的卵巢在出生后不久就开始"衰退"。一个女孩在出生时每一侧卵巢中有 70 万个卵细胞，到青春期这一数量下降到 39 万个，到 18—24 岁进一步减少到 16 万个，而到绝经期，即 45—55 岁之间，每一侧卵巢中只有 1.1 万个卵细胞了。

当然在看到高龄仍能有非常出色表现的同时，也不能忽略随着年龄的增长丧失过程阻碍了获得过程。巴尔特斯（P. B.Baltes）认为人们可以通过选择和弥补丧失来把自己选择的人生之路引向有利的轨道上。

3. 发展具有阶段性

一些发展心理学家重点关注 20 岁之前个体的心理发展，他们多数把发展分成"阶段"。最简单也是最著名的分类就是把人生的前 20 年分成儿童期和青年期，而成人通常也被分成三类，即成人前期、成人中期和成人后期。因为在发展过程中没有什么飞跃，没有什么突变，而人与人之间有明显的差异，所以事实上不可能从时间上明确定义一个阶段的起始和结束。一个从事重体力劳动的人要比从事脑力劳动的人更容易达到他工作能力的极限。对体力劳动者来说40岁进入成人中期，60岁进入成人后期，而从事脑力劳动的人相应要晚10年进入成人中期和后期。

所以许多发展心理学家确定的年龄阶段缺乏普遍意义，如成人前期是20—40岁，中期是40—65岁，之后是成人后期。实际上各个阶段的划分不应该按照年龄，而应首先通过对某些生活事件的归类来区分。这样的话成人前期在30—40岁之间，个别人30岁之前就进入这一阶段，而另一些人的成人前期则在35—45岁之间。同样60—70岁中的任何一个年龄都可能是向成人后期的过渡。

4. 发展的稳定性和可变性

如果毕业几十年后同学重逢，人们会首先产生这样的想法，过去的同学在这段时间里变化怎么如此之大？人们在一生中有什么变化，哪些是不变的特征，这是典型的发展心理学问题。发展心理学家早就对智力和个性的发展进行了研究，但结论非常的不同，因为他们从不同的层面上回答了这个问题。

假定我们在一段时间里观察一个年轻成人是如何开车的，结果发现他小心翼翼，安全第一。如果40年后再观察这个人也许仍然能得出这个结果。驾车的风格不随驾驶时间的增加而改变，因此在行为上没有任何变化。如果人们试图解释是什么原因导致了这种行为的稳定性，就能发现一些变化的条件。一个20岁的人尽管有攻击性、冒险性的驾驶风格，但仍非常自如地驾车，因为他的听觉和视觉高度集中，反应也很灵敏，而 40 年后尽管感觉器官的能力下降了，但这种反应仍能长期保持。60 岁的人可以用经验和克制的、小心的驾驶风格来弥补感觉器官能力的不足，所以一个人的行为有变化的方面也有稳定的一面（能力变化了，但小心驾车的风格不变）。

在一项研究中，发展心理学家比较了同一批人在 20 岁和 45 岁时个性测验的结果，发现有许多不变的特征，测验的结果非常一致。由此可以推论这些人的个性特征在 25 年中基本没有发生变化。在另一个研究中，心理学家要求参与者用 20 岁人的观点来回答个性测验中的问题，只有很少人的回忆与当时的测验结果一致。因此可以得出结论认为个体在这 25 年中发生了很大的变化。许多人甚至认为，年轻时不熟练，不仔细，而第二次测验就不同了。但是，当测验结果出来后参与者却认为自己只有很小的变化，到底应该相信哪一个研究结果呢？

回忆过去的测验答案一般会产生记忆的混淆，当然也可能在 25 年中确实发生了变化。关于个性在一些发展中是变化的还是稳定的引发了一场毫无结果的讨论，因为发展本身就意味着有些要变化，而另一些则不变。有些人到了成人期性别角色也发生了变化，但到了老年期又不同了，他们又保持了自身的性别角色。所以大卫（David Chiriboga）说，与其讨论稳定和变化还不如探讨哪些条件会导致变化和稳定更有意义。

二、发展的一般原则

综合而言，发展过程有三大原则：规律、个别差异和连续性。分述如下：

1. 发展有先后的规律性

无论动作、语言、认知或社会化发展，个体在发展的过程中遵循着一定的先后顺序展开。这种规律性，以动作的变化最为明显。例如，四个月大的胎儿便会转动小臀和伸小腿，出生之后先有巴宾斯基反射（Babinski Reflex），拍其脚掌则脚趾外张、腿部会摇动，达尔文反射（Darwinian Reflex），轻触新生儿手心，则手掌蜷曲，摩罗拥抱反射（Moro-embrace Reflex），受惊吓时双手会张开，然后缩回紧抱……这些反射数月后即成为有意识、有目的的动作。

四个月大的婴儿双腿可向上高举，五个月能用无名指、小指和手掌抓握，六个月能抓物体，且能俯卧和独坐，十个月可以自己扶家具站立，十二个月的站立则是独立且平衡的，一岁时可以用汤匙往自己的嘴里送食物吃，一岁六个月左右会跑，两岁已经可独自上楼梯，同时精细动作技巧渐次由手、眼肌肉协调呈现出来，一系列过程先后顺序明确，而且每一样动作的时刻较为准确，这种发展先后的规律性，因不同发展项目而不同。整体而言，阶段论都包含了发展先后顺序不变的信念在内。

2. 发展有个别差异

在发展的过程中，个别儿童之间有差异也是极为普遍的现象，因为这些差异属于速率与形式的差异，所以并不违反发展规律性的原则。有关发展的个别差异，霍林沃斯（Hollingworth）曾归纳成下述原则：

1. 个体各种特征发展的速度彼此不同，而达到各个特征最大限度的发展时间也不相同。
2. 个体各个特征的发展速度，通常都根据其开始发展时进行的速度而定。即开始的时候发展速度较快，后来的发展也较快,开始时发展速度较慢后来也比较慢。

3. 个体的发展是连续不断的,并非跳跃式的。但是根据 Koffka 的观察报告,发现有些儿童起初有一个时期会说话,后来却无法说话,直到过了相当一段时期又能说话。所以这个原则还有一个限制,即当发展到某一程度时,个体发展可能会出现某些质的改变。如儿童与青年的差别,这两个时期个体的性格、态度、人生观等显然不同,这并不仅仅是量的不同,而且还存在质的差别。

4. 个体发展的速度和达到成熟的时间各有差别,这种差别在性别上表现很明显,而个体间的差异也很大。

5. 某一种特征在其发展过程中有不规则或中断时,往往都是由于外部因素(环境)的影响。

每个儿童在社会能力的发展上有快有慢,普遍存在着个别差异。一般来讲,人类个体发展的速度是年龄越小速度越快。通常意义上的社会能力指标有:(1)区分的自我概念和传统的自我概念;(2)具有主动和控制的自我概念;(3)个人生活常规程序的养成;(4)给予真实的自我评价;(5)区别和辨认自己和他人的情感;(6)觉察及了解自己和他人的社会关系;(7)维持积极情感的人际关系;(8)知觉与了解不同的角色;(9)适当的约束反社会行为;(10)具有道德及利他倾向;(11)具有好奇心与探索行为;(12)注意力的集中;(13)具有知觉(视、听、触、嗅)的技能;(14)小肌肉动作能力;(15)大肌肉动作能力;(16)手眼协调能力;(17)语言技能;(18)分类能力;(19)记忆能力;(20)批判思考能力;(21)创造思考能力;(22)问题解决能力;

(23) 获得及运用信息的能力；(24) 数量与关系概念的了解与运用；(25) 具有一般知识；(26) 具有成就动机；(27) 运用资源促进学习或解决问题；(28) 对学习、学校经验持积极态度；(29) 喜欢幽默、幻想和游戏乐趣。

3. 发展的连续性原则

从动物行为发展观，到现代信息发展观都认为：发展的连续观主要强调的是按照顺序、渐渐展开、前后相延续的特性。然而，或许在某阶段质的改变多于量的改变，或个体某一阶段对某些事物较敏感，也可能有特殊事件中断发展的延续，而这些个人或环境的事件凸显了改变在序列发展中的影响。

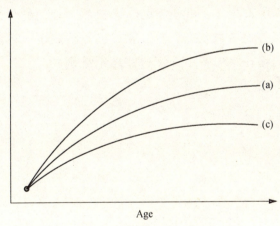

图 1.2 发展的连续性模型

(摘自刘金花主编：《儿童发展心理学》)

4. 发展的周期性

发展具有周期性，一般而言生命的前七年是第一周期，8—14 岁是第二周期，15—21 岁是第三周期。发展的顺序是从大脑到四肢，再从四肢的运动引导出意志。幼儿的思考是由图形形成的；对成人而言，图形只是意识的层面之一。成人只有睡眠时才做梦，未成熟的儿童，即使在醒着的时候，仍有可能是处于做梦的状态。但不论如何，生命的基础在于最初的六七年。

总而言之，发展是指在从受精到死亡的时期中，个体行为产生连续性与扩展性改变的历程。在这一历程中，个体行为不断充实。其发展原则是从简单到复杂，从粗略到精细，从分立到调和，从分化到统一。

发展心理学上有几个受到争论的议题，例如遗传重要还是环境重要？发展是连续性的还是阶段性的？儿童是主动的还是被动的？个体的成长是稳定的还是开放式的变化？在发展心理学中产生了一些重要的学术流派，他们的学说对上述问题的回答也各具特点，且互相碰撞，构成了一幅多彩的画卷。我们将在第二章中介绍这些理论派别。

第二章 发展模式多棱镜
——发展心理学的理论

在心理学的发展过程中，不同的心理学家，不同的心理学派所持的发展心理观有着较大的差异。本章将按照不同的理论派别来讲述各个心理学家的心理发展观。

第一节 精神分析论

精神分析论（Psychoanalytic Theory）是西方现代心理的主要流派之一，其创始人是西格蒙德·弗洛伊德（Sigmund Freud），所以精神分析理论又叫做弗洛伊德主义，它包括古典弗洛伊德主义和新弗洛伊德主义，在发展心理学方面有代表性观点的是弗洛伊德和埃里克森的观点。

一、弗洛伊德的心理性欲发展阶段论

弗洛伊德（Freud）是一个本能决定论者，认为人格发展的基本动力是本能，尤其是性本能。

弗洛伊德所讲的"性",不仅包括两性关系,而且具有更广泛的含义,包括儿童的性生活。儿童的性感是非常普遍和弥散的,他包括吮吸、手淫、排泄产生的快感、身体的舒适、快乐的情感,也包括身体上某些部位受到刺激引起的快感。弗洛伊德把性本能的基本心理能量称为"里比多(libido)"。由于里比多在不同的发展阶段集中投放的部位不一样,使生殖职能必须经过一系列的发展阶段,因此弗洛伊德把这一成熟过程分为五个发展阶段。

人格发展五阶段

口唇期(0—1岁) 婴儿出生后,最大的生理需要是获取食物,维持营养。新生儿的吸吮动作是快感的来源,因而口唇是产生快感最集中的区域。于是,婴儿时时地从吸吮动作中获得快乐,即使并不饥饿,也会把手指头或其他能抓到的东西塞到嘴里去吸吮。这种寻求口唇快感的自然倾向,就是性欲的雏形。寻求口唇快感的性欲倾向会一直保留到成人的性生活中,例如接吻就是一种性欲的活动。

肛门期(1—3岁) 除吸吮外,儿童最感兴趣的是排泄。排泄时所产生的轻松的快感,使儿童进一步注意到自己的身体,注意到生殖器官。儿童往往喜欢成人抚摸他们的身体,尤其是臀部。在弗洛伊德看来,这明显地带有性欲的色彩。肛门期中儿童的冲动大都是被动的,快感来自排泄过程和排泄后肛门口的感觉(包括尿道口在排尿中产生的感觉)。

性器期(3—6岁) 弗洛伊德说:"婴儿由三岁起,毫无疑问地有了性生活。那时生殖器已开始有兴奋的表现;或有周期作手淫或在生殖器中自求满足的活动。"弗洛伊德甚至认为，3岁幼儿的性生活与成人的性生活有许多相同之处；"所不同的，是因生殖器尚未成熟，以致缺乏稳定的组织；存在的倒错现象；整个冲动为较为薄弱"。这里所谓儿童的"性生活"，主要指的是儿童依恋异性父母的俄狄甫斯情结（恋母情结）。关于这个情结，弗洛伊德具体地描述道："我们不难看见小孩要独占母亲而不要父亲；见父母拥抱就不安，见父亲离开母亲就满心愉快。有时候同一个儿童也对父亲表示好感。"这种两极性在小孩身上可以长时期并存不悖，并且和此后永远存在于潜意识中的状态是相同的。女孩也是存在俄狄甫斯情结，她们常迷恋自己的父亲，想要推翻母亲并取而代之。

潜伏期（6—11岁） 儿童进入潜伏期，他们性欲的发展呈现出一种停滞或退化的现象。这时期的儿童深知他们在婴幼儿时期所具有的许多幼稚的嗜好是被社会所不接受的，甚至是看不起的，如公开地抚摸、玩弄生殖器是一件不好的事。于是，儿童只好放弃这种获取快乐的游戏，这时，指导儿童行为的不再仅仅是快乐原则了，儿童学会了兼顾快乐原则和现实原则。这一进步的积极意义是儿童学会了道德观念，培养了羞耻的情感。它的压抑功能开始启动，早年的一些性的欲望由于与道德、习俗、宗教、文化等不相容而被压抑到潜意识之中。因此，6岁以后的儿童很少再有性欲的表现。这种状况会一直延续到青春期。弗洛伊德把这个时期称之为性欲的潜伏期。由于排除了性欲的冲动和幻想，产生一种新的镇静和自我控制。于是，儿童的精力可以集中到学习、游戏、运动等社会允许的活动中。

生殖期（11—13岁开始） 女孩自11岁，男孩自13岁起，随着性腺的发达和性器官的发育，儿童进入了青春期。

性的能量像成年人一样地涌动出来,儿童力争从父母的控制中解脱出来,建立自己的生活。当然,这绝不是一种轻而易举的事情。

弗洛伊德的心理性欲发展阶段的揭示,反映了在常态情况下,儿童心理发展的普遍趋势。但在个体的发展过程中,"里比多"的非常态发展形态,以及来自各方面的因素都可能导致心理性欲的发展偏离常态。从弗洛伊德学说对心理发展阶段的划分,我们可以看出,心理发展是有阶段性的;心理的发展是有其生理基础的,性欲的发展是心理发展的内部机制;儿童早期的性经验与家长具有十分密切的关系,家长的教养态度和教养方法对儿童心理发展至关重要。

二、埃里克森的社会心理发展理论

埃里克森(Erik Homburger Erikson)是美国著名精神病医师,新精神分析派的代表人物。他认为,个体人格发展持续一生,而且在人格发展的每个阶段都存在一种冲突或两极对立,构成一种危机。他所谓的危机实际上是指人格发展中重要的转折点,既可能是灾难或威胁,又可能是发展的机遇。危机的消极解决会削弱自我的力量,使人格不健全,阻碍对环境的适应;危机的积极解决则会增强自我的力量,使人格得到健全发展,促进对环境的适应。他指出,前一阶段危机的积极解决会增加下一阶段危机积极解决的可能性;前一阶段危机的消极解决则会缩小下一阶段危机积极解决的可能性。他指出,人格的健康发展必须综合前一阶段危机解决中的积极因素和消极因素这两个方面。所有的发展阶段都是依次相互联系的,最后一个阶段和第一个阶段也相互联系,例如,老人对死亡的态度会影响儿童对生活的态度。因此人的发展的八个阶段构成一个环环相扣的圆圈。埃里克森把自我意识的形成和发展过程划分为八个阶段，这八个阶段的顺序是由遗传决定的，但是每一阶段能否顺利度过却是由环境决定的，所以这个理论可称为"心理社会"阶段理论。每一个阶段都是不可忽视的。

人格发展的八个阶段

基本信任感与基本不信任感（0—1岁） 这个阶段的儿童对父母和成人的依赖性最大，如果能够得到他们足够的爱和有规律的照料，满足基本的需要，就能对周围人产生一种基本的信任感，反之则会产生不信任感和不安全感。儿童这种基本信任感的形成是以后人格健康发展的基础。

自主感与羞愧感（1—3岁） 这个阶段儿童学会了爬行、走路、推拉和说话等。他们不仅能在一定程度上自主控制外界事物而且能够控制自身的大小便的排泄。因此，儿童有了自己行动的自主意愿，而这常常和父母的意愿构成冲突。在这一阶段，如果父母能有足够的理智和耐心，对儿童的行为既给予必要的限制又给予一定的自由，就会使危机得到积极解决，使儿童形成自我控制和意志的品质，反之则会形成自我疑虑。

主动感与内疚感（3—5岁） 这个阶段的儿童的活动能力进一步增强，语言和思维能力也得到了很大的发展，表现出积极的幻想和对未来事件的规划。在这一阶段如果父母能经常肯定和鼓励儿童的自主行为和想象，儿童就会获得主动性，反之儿童就会缺乏主动性并感到内疚。如果这一阶段的危机得到积极解决，儿童就会形成明确行为方向和目的的品质；反之则会形成自卑感。

勤奋感与自贬感（5—12岁） 这一阶段的儿童大多数正式进入学校，接受小学教育，学习成为他们的主要活动。如果儿童能够从需要稳定的注意力和一定努力的学习活动中获得满足，他们就能发展勤奋感，对未来自己能成为一个对社会有用的人有信心，反之则产生自卑感。如果这一阶段的危机得到积极解决，就会形成正确评估自我能力的品质；如果危机消极解决，就会感到自己无能。

同一性获得与同一性混乱（12—20岁） 这一阶段儿童接受了更多关于自己和社会的信息，并要对它们进行全面的深入思考，为自己确定未来生活的策略。如果能做到这一点，儿童就获得了自我同一性，反之会产生角色混乱和消极同一性。埃里克森强调了同一性及其反面都是和社会的要求和儿童对社会环境的适应有关的。他认为，同一性的形成对个体健康人格的发展十分重要，它标志着儿童期的结束和成年期的开始。

亲密感与孤独感（20—24岁） 这一阶段属于成年早期。只有建立了牢固的自我同一性的人，才敢于与人发生爱的关系，热烈追求与他人建立亲密的关系。因为与他人发生深刻的爱的人际关系，要求把自己的同一性和他人的同一性融合为一体，这就需要个体作出某种程度的自我牺牲。而没有建立牢固的自我同一性的人，会担心因与他人的亲密关系而丧失自我，他们会寻求逃避，从而产生孤独感。

繁殖感与停滞感（25—65岁） 这一阶段个体通常已建立了家庭和自己的事业。如果个体已经形成了积极的自我同一性，就会试图把这一切传递给下一代，或为下一代创造更多的精神和物质财富。如果这一阶段的危机得到积极解决，就会形成关心他人的品质；如果危机是消极解决的，就会变得自私自利。

完善感与失望感（65岁—死亡） 这一阶段属于成年期或老年期。通常大多数人都停止了工作，处于对往事的回忆之中。如果个体能顺利度过前面七个阶段，就会具有完善感，不惧怕死亡。而在过去生活中有挫折的人，因已处于人生的终结阶段，无力再实现过去未完成的生活目标，所以对死亡感到惧怕。如果这一阶段的危机得到积极解决，就会形成智慧的品质；如果消极解决，就会产生失望和无意义感。

表2.1 弗洛伊德人格发展阶段与埃里克森人格发展阶段对照

年龄	弗洛伊德的五大心理发展期	埃里克森的八大心理发展期
0—1岁	口唇期 (oral stage)	基本信任感与基本不信任感 (trust v.s. mistrust)
1—3岁	肛门期 (anal stage)	自主感与羞愧感 (autonomy v.s. shame & doubt)
3—5/6岁	性器期 (phallic stage)	主动感与内疚感 (initiative v.s. guilt)
5/6—11/12/13岁	潜伏期 (latency stage)	勤奋感与自贬感 (industry v.s. inferiority)
11/12/13—20岁	生殖期 (genital stage)	同一性获得与同一性混乱 (identity v.s. role confusion)
20—25岁	生殖期 (genital stage)	亲密感与孤独感 (intimacy v.s. isolation)
25—65岁	生殖期 (genital stage)	繁殖感与停滞感 (generativity v.s. stagnation)
65岁以上	生殖期 (genital stage)	完善感与失望感 (egointegrity v.s. despair)

（埃里克森划分的前五个阶段与弗洛伊德划分的阶段相对应，但是，他强调的重点不是性欲的作用，而是个体的社会经验。后三个阶段是他独自阐述的）

埃里克森对精神分析的自我心理学的发展作出了重大的贡献。首先，他在心理与社会的相互作用中来考察自我，强调了社会环境在自我形成和发展中的作用，这是自我心理学理论的突破性发展。其次，他探讨了整个生命周期中的心理社会发展阶段，而不是局限于生命的早期和青年期。

现代精神分析论（Neo-Freudians）的代表人物还有霍妮、沙利文等，他们继承了弗洛伊德的心理动力观，摒弃了过分强调性欲的观念，主张人既不是主动，也不是被动地在塑造自己的人格，只不过想平衡内在、外在的压力，并希望能与压力和平共处。而这种平衡或维持恒定的动力过程，会终生持续进行。

第二节 行为主义理论

行为主义理论（Behavioral Theory）产生于20世纪初的美国，是由美国心理学家华生（John Broadus Watson）创造的，在心理学界风行了约50年，它的一个突出特点是强调客观和实证研究。

一、华生的环境决定论(environmental determination)

1908年，华生（J.B.Watson）首先举起了行为主义的大旗。他发表了《行为主义者心目中的心理学》不仅为动物心理学界定了一个纯客观的、非心理主义的研究方法，而且从这篇论文中可以清楚地看到，华生为心理学提出了一个宣言——行为主义。这一宣言声称："行为主义者心目中的心理学是自然科学的一个纯客观分支。它的理论目标是对行

第二章 发展模式多棱镜——发展心理学的理论

为的预测和控制。内省不构成其研究部分,它的资料的科学价值也不以其是否易于接受意识的解释而定,行为主义者力求得出动物反应的完整图式,认为人与动物之间不划界线。人的行为,及其所有的精致性和复杂性,只是构成行为主义者整个研究计划的一部分。"

华生认为发展是逐渐学到复杂行为模式的过程。他发现婴儿的恐惧及其他情绪反应可透过条件反射习得,并且会将刺激类化 (stimulus generalization)。研究者让 11 个月的小男孩阿尔伯特(Albert)玩小白鼠,起初他一点也不害怕。后来,研究者就在小孩玩白鼠的同时,敲打钢棒,发出猛烈的响声。几次以后,即使没有响声伴随,艾伯特只要一看到白鼠,也表现出极度的害怕,不仅是害怕白鼠,还害怕与白鼠类似的物体,如狗、白兔、皮外套、棉花、羊毛等,甚至连圣诞老人的面具也害怕。一个月以后又对他重新测定一下,发现他的害怕程度虽有所下降,但这种条件性的害怕依然存在。

图 2.1 小阿尔伯特害怕实验

因此，华生认为人的心理发展的差异百分之九十是由后天教育决定的。他说："给我一打健康的婴儿，如果让我在由我所控制的环境中培养他们，不论他们前辈的才能、爱好、倾向、能力、职业和种族情况如何，我保证能把其中任何一个人训练成我选定的任何一种专家：医生、律师、艺术家、富商，甚至乞丐和盗贼。"

尽管华生环境决定论的观点有些极端化，但是，他的心理学出发点是"可以观察的事实，即人类和动物都同样使自身适应其环境的事实"。心理学应该研究适应的行为，而非意识的内容。对行为的描述将导致刺激和反应来预测行为。"在心理学的体系中，完全可以证实这一点，即知道了反应就可以预测刺激，知道了刺激就可以预测反应。"有鉴于此，心理学的研究中更加注重行为的观察和研究。

二、斯金纳的操作控制学习理论 (Operant-Conditioning Learning Theory)

斯金纳（Burrhus Frederic Skinner）是新行为主义心理学的创始人之一。我们把他的理论称为操作控制学习理论。斯金纳关于操作性条件反射作用的实验，是在他设计的一种动物实验仪器，即著名的斯金纳箱中进行的。箱内放进一只白鼠或鸽子，并设一个杠杆或键，箱子的构造尽可能排除一切外部刺激。动物在箱内可以自由活动，当它压杠杆或啄键时，就会有一团食物掉进箱子下方的盘中，动物就能吃到食物。箱外有一个装置记录动物的动作。斯金纳的实验目的是为了表明刺激与反应的关系，从而有效地控制有机体的行为。参与实验的动物在斯金纳箱中可自由活动；它们操作性的行为（压杠杆或啄键）是获得强化刺激（食物）的手段。斯金纳通过实验发现，动物的学习行为是随着一个起强化作用的刺激而发生的。

斯金纳把动物的学习行为推而广之到人类的学习行为上，他认为虽然人类学习行为的性质比动物复杂得多，但也要通过操作性条件反射。操作性条件反射的特点是：强化刺激既不与反应同时发生，也不先于反应，而是随着反应发生。有机体必须先作出所希望的反应，然后得到"报酬"，即强化刺激，使这种反应得到强化。学习的本质不是刺激的替代，而是反应的改变。例如，通过控制操作条件可以建立新生儿的行为，但是学习的速度缓慢。研究发现（Papousek，1967）两天大的新生儿需要 200 次练习，才学会向右转头，三个月大的婴儿需要 40 次练习，5 个月时则只需要 30 次练习就学会简单的反应。另外，塑造复杂行为的时候，可以将复杂行为分析成为几个步骤，采用逐步渐进的方式，一步一步地学习。在学习每一个步骤之后，都应该给予适当的鼓励，这样就能使反应得到强化。

斯金纳指出，人的一切行为几乎都是操作性强化的结果，人们有可能通过强化作用的影响去改变别人的反应。这一观点在教学方面引起了很大反响，他认为教师应该充当学生行为的设计师和建筑师，把学习目标分解成很多小任务，并且一个一个地予以强化，让学生通过操作性条件反射逐步完成学习任务。这种思想对教育界产生了很大影响。

三、班杜拉的认知社会学习理论 (Cognitive Social-Learning Theory)

班杜拉（Albert.Bandura）是社会学习理论的重要代表人物之一。华生强调刺激对行为的重要性；斯金纳强调强化对行为的重要性；而班杜拉则很强调观察学习。他认为，儿童获得一个行为并不一定需要得到强化。事实上，人的许多行为只要经过观察别人的行为就能习得。于是，他的理论被称为认知社会学习理论。

班杜拉认为，人类具有认知能力，能够处理所接受的信息，并加以思考。儿童只需观察周围和社会上榜样的行为，即使在没有强化的情形下，也会发生学习。例如班杜拉（1965）儿童攻击行为的研究。于是，他提出观察学习的四个历程：

1. 注意过程（attention）：注意和知觉榜样的各个方面。一般来说，观察者比较容易观察那些与他们自身相似的或者被认为是优秀的、对他们有威信的榜样。

2. 保持过程（retention）：将行为转换为认知表征，以意象或语言的方式储存在记忆中，等待适当的时机表现——延迟模仿（deferred imitation）。

3. 复制过程（motoric reproduction）：将符号性记忆信息转换成具体的模仿行为，观察者根据榜样原先动作的顺序，经过记忆线索提取，做出反应，并检查自己的动作，依照反馈的信息加以修正——自我调整（self-regulation）。

4. 动机过程（motivation）：观察者虽注意到榜样的行为，清楚地将动作顺序储存在记忆中，也具备能力做出相同的

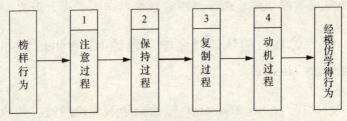

图 2.2 观察学习的过程

行为，但模仿行为出现与否，还要依观察者的动机与意愿而定。

研究发现，新生儿能模仿少数的动作反应，如吐舌头（Kaitz，1988）、像成人一样转头（Meltzoff & Moore，1989），或甚至可能模仿别人面部快乐和哀伤的表情（Field，1982），但这些早期的模仿能力会很快就消失，而且可能只是无意识的反射而已（Abravanel & Sigafoos，1984）。新奇行为的自发模仿在 8—12 个月大时首次出现，且较为确实（Piaget，1951）。一开始必须有榜样在场，并且一直出现某种行为，儿童才能加以模仿。但在 9 个月大时，有些婴儿可以在看过某个玩具 24 小时后，模仿该玩具的一些简单动作（Meltzoff，1988）。几乎有一半 14 个月大的婴儿可在 24 小时后模仿电视主角的简单动作（Meltzoff，1988）；几乎所有 14 个月大的婴儿在一周后至少模仿三个（或者六个）周围人物的新奇行为。

班杜拉认为，个体、环境和行为是相互影响、彼此联系的。这三个方面影响力的大小取决于当时的环境和行为的性质。三者的关系可以用下图来表示：个人（Person）指人的认知能力、生理特征、信念与态度；环境（Environment）指物理环境、家人和朋友、其他社会影响；行为（Behavior）指动作反应、语言反应、社会互助。

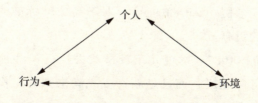

图 2.3　个体、环境与行为三者的关系

内在调整机制 (internal regulatory mechanisms)

班杜拉认为，人们会自己建立很多成就标准 (performance standards) 再依据这个自我强制的成就标准来衡量自己成就的好坏。儿童由直接教导 (direct tuition) 和观察学习得到表现标准。父母会根据儿童的行为是否达到标准而给予奖励，以试图教导或灌输儿童特定的成就标准。这种外部增强的结果，使儿童以后作为自我赞许或自我批判的表现标准，从而产生自我增强的效果。

根据班杜拉的看法，我们自己实行的成就标准在自我概念形成的过程中扮演着主要的角色。他认为自尊是在个人的行为和成就有矛盾时，用来作为个人价值的指针。过于严厉的增强系统会引起压抑、懦弱、没有价值感和缺乏目标的行为。过度的自我轻视事实上就是一种心理压抑的现象，虽然压抑的成人的成就与别人都是一样的，但是他们比较容易低估自己成就的价值。

班杜拉 (1989) 认为，自制及坚持严格成就标准的原始动机并非来自外在的环境，而是来自个体的内心。一旦设定了追求的目标，在追求这些目标过程中，自我满足被制约了。一旦实现成功了，会觉得骄傲、有能力或"有效率"；当无法达到自我增强的标准时，可能会觉得焦虑、罪恶、羞愧或是没有能力。所以从成功中衍生出来的能力知觉的认知基础或自我效能 (self-efficacy)，对于高成就标准的维持有着极为重大的贡献。

班杜拉 (1989) 发现儿童较喜欢去执行一些他们认为自己有能力可以完成，而且是新奇或充满未知的工作；对于他们自认为没有能力完成的工作，总是倾向于逃避或放弃。针对成人所进行的研究也得到相似的结果。

父母对于孩子发展期间自我效能感的建立非常重要，自我效能感会影响到个人的兴趣、目标及个人特质。例如，父母亲一直告诉女儿"男生的数学能力较强"，可能会促使女儿对于自己数学能力的自我效能感偏低，认为自己没有数学方面的能力。我们每个人对自己的长处和短处都不断地进行评估再评估的工作，因而形成了一种独特的自我能力知觉形式，这种自我效能的知觉进一步影响了我们所选择的活动，同时也决定了我们是什么样的人物，以及将成为什么样的人物。

行为主义的研究方法对推动心理学向自然科学的发展具有重大意义。斯金纳根据大量的实验研究进一步指出人的行为是由外部环境决定的，加强了行为主义的理论立场，并极大地丰富了研究手段，对现代心理学产生重大影响。班杜拉作为一名温和的行为主义者，在理论上比华生和斯金纳更注重人性的基础。因此行为主义的发展不仅为发展心理学开辟了一个途径，并为教育学的新发展提供了理论基础。

第三节 认知发展论

一、皮亚杰的发生认识论

皮亚杰（J. Piaget）认知发展理论被誉为所有认知发展理论中最有见解和解释力的理论，是发展和教育心理领域的里程碑。他提出的发生认识论就是企图根据认知的历史、社会根源以及认识所依赖的概念与运算的心理来源，去解释知识尤其是科学知识的一门学科。也就是说，发生认识论是研究认识发展,它要解决人(群体和个体)的智慧是通过何种机制,经历怎样过程,从低级水平过渡到高级水平的这一问题。总之,发生认识论就是要研究认识如何发生或起源乃至逐渐发展。

皮亚杰(Piaget)认为儿童是一个建构者(constructivist),会根据认知发展的阶段来建构现实世界,并非完全受本能影响或受制于环境。皮亚杰认为智力的主要功能是协助个体适应环境,智力活动的主要目标是建立个体的思考历程与环境之间的和谐与平衡关系,新奇刺激造成儿童与环境之间的不平衡,促使儿童调节自己的心理结构,以适应环境。他认为认知发展分为四个阶段:

1. 感觉运动阶段(sensorimotor stage,0—2岁)

婴儿最初分不清自我与客体,不了解客体可以独立于自我而客观存在。直到一周岁左右,儿童才会表现出将眼前消失的物体仍然视为存在,这就是皮亚杰所谓的儿童建立了"客体永久性"。婴儿最初的动作都没有目的。在婴儿的动作与客体的相互作用中,逐渐产生了动作与由动作造成的对客体影响的结果这两者之间的分化,这意味着因果认知的产生。

2. 前运算阶段(preoperational stage,2—7岁)

处于前运算阶段的儿童思维往往是自我中心的。所谓自我中心,就是指儿童往往只注意主观的观点,不能向客观事物去自我中心;只能考虑自己的观点,无法接受别人的观点,也不能将自己的观点与别人的观点协调。因此在幼儿园中可以看到,这一阶段儿童在一起时,每个人都在自言自语,即表现为"集体独白"。

3. 具体运算阶段 (concrete operational stage, 7—11岁)

具体运算阶段的儿童能够同时考虑到问题的多个维度,例如,出现了可逆性 (reversibility) 即在心理上逆转一个行动的流程,例如加减法相互逆转的认知。还有关系逻辑的成长即系列 (seriation) 的概念、递移性 (transitivity) 的概念;但在具体运算期的儿童,其递移性概念仅限于出现在眼前的真实对象,尚无法做抽象性思考。守恒性的获得是具体运算阶段的主要成就之一。

4. 形式运算阶段 (formal operational stage, 11岁以后)

处于形式运算阶段的儿童,其思维最大特点是已经摆脱了具体事物的束缚,把内容和形式加以区分,能根据种种可能的假设进行推理。他们可以想象尚未成为现实的种种可能,相信演绎得到的推论,使认识指向未来。由于形式运算需要抽象的思维能力,因而处于形式运算阶段的儿童才能真正欣赏文学艺术作品,才能进行假设检验、推理论证以及科学思考。

皮亚杰从儿童语言和思维等认识的发展入手,创立了发生认识论,提出了人是构造关于外部世界的知识的能动主体,而非被动接受者,因此人类智慧的源泉应来自主体对客体的动作,也就是主体与客体的相互作用。在皮亚杰的理论中,认知结构与认知机能是认知发展的两个"互为生存"的侧面。个体凭借认知结构(或图式),通过适应(同化与顺应)和组织这两种机能,才逐渐认识外界事物、适应外界环境,实现认知的成长与发展。但是他采用的临床法常常低估儿童的心智能力,对于从一个阶段到另一个阶段转移的机制也没有作出解释。

二、维果斯基的文化—历史发展论

维果斯基（L.S.Vygotsky）是苏联建国时期卓越的发展心理学家。他认为儿童出生以来就处在其周围特定的社会环境的影响之中，其心理发展是逐步掌握该社会文化环境所制约的心理工具的过程，以其所掌握的心理工具为中介，儿童高级心理机能逐步从低级心理机能的基础上发展起来，在整个发展过程中，虽有生物成熟的影响，但是，生物成熟更多的是对低级心理机能的制约作用。总之，个体心理（认知）发展，是处在特定社会文化环境的影响之下，是对各种心理工具的逐步掌握的过程，是在各种低级心理机能的基础上，逐步发展其高级心理机能的过程。而在整个儿童认知发展过程中，社会文化环境因素的影响可谓举足轻重。

维果斯基强调心理机能发展的原因：一是起源于社会文化—历史的发展，受社会规律所制约。二是儿童在与成人交往的过程中，对高级心理机能的工具——语言、符号——的掌握。三是高级心理机能是不断内化的结果。他持"学习先于发展"的观点，从社会文化的角度来探讨学习与发展的交互关系。

维果斯基认为高层次的心理历程是由外在实际活动的内化。心理发展也是始于外在的社会活动，而终于个体的内在活动。这些功能始于"人际间的心理范畴"，后发展成儿童"个体内的心理范畴"在人类的心理领域内，始终保持着社会互动的功能。而"人际间的心理范畴"发展至"个体内的心理范畴"的原理也可用在自发性注意、逻辑性记忆、概念形成和意志力的发展方面。

维果斯基有关成人对儿童认知发展影响的论点，促成了Feuerstein的中介学习，即儿童与成人及同时处于合作互动的过程有助于其认知发展。语言知觉的发展是"自他人调整",而"自我调整"将外在控制内化成为能成功独立思考和解决问题的人,因而教师、专家的角色与传统并不全然相同,其主要的角色功能乃是在于促成"自我调整",促成方式则是通过"自我控制"。成人首先要知道:(1)在成人不协助的状况下,儿童解决问题能力的实际发展程度。(2)成人不协助时,儿童能做什么;而成人或专家中介协助之下,儿童的潜能发展能到什么地步。所谓最近发展区是指被协助与没有被协助的儿童表现上的差异部分,同时要评估儿童的"实际发展水平"与"潜在发展水平"两者之间的差距。

最近发展区对教育的启示:第一、教学具有引导发展的功能。好的教学是发展之前的引导,能促成最近发展区的发展才是教学的真正功能。教师要对儿童的成熟过程有相当的觉察,并高度刺激儿童的心智发展,让儿童获得新的思考方式。第二、独立的学习会减缓发展。教师的重大责任在于发现儿童的最近发展区。根据维果斯基的看法,一般学校里让儿童独立学习的机会太多,因而减缓了认知的发展,应该有系统地将儿童带入更复杂的认知。专家学者应提供智力的鹰架,好让儿童去攀爬,透过社会互动才能使最近发展区完全发展。

维果斯基的认知发展理论采用历史观点,在社会环境中考察了儿童高级心理机能的发生发展,创立了"文化—历史发展理论"。这一观点强调个体心理发展过程中社会文化的影响因素,尤其重视语言在这一思维内化过程中所起的突出作用。此外,维果斯基所提出的"最近发展区"概念,拓展了对学生能力理解的认识,指出教师或成人在儿童认知发展中所起的重要作用,这一观念对当前建构主义的教育思想产生深刻影响。

维果斯基的理论与皮亚杰和新皮亚杰主义的理论在几个基本的方面是相互对立的。维果斯基提出,认知发展是儿童将外部环境中的信息内化的结果。换句话说,儿童是从周围的人那里学习。维果斯基还把内化视为连续发生的,因此在认知发展过程中不存在明显的阶段。维果斯基的理论强调儿童所处环境的重要性,这表明他认为在不同的认知领域,发展可以以不同的速度发生,这取决于可供儿童利用的信息和提供给儿童的鼓励的多少。

第三章 透视发展的 ABC
——发展心理学研究方法

美国心理学家查普林（James P.Chaplin）曾指出："任何科学发现或概念的有效性取决于达到该发现或概念所采取的程序的有效性。"虽然这个定义仅特指操作主义而言，但它的确坦诚地表述了研究方法的重要性。发展心理学研究个体心理如何随着个体年龄的增长而发展变化；它的研究对象的范围跨度很大，从胎儿期直至老年期，因此发展心理学采用的研究方法也随之多样化，除了与一般心理学研究相类似的方法以外，还有一些独到的研究设计。

第一节 基本研究方法

一、观察法

观察法是有计划、有目的地观察研究对象在一定条件下，语言或者行为的变化，并做出详尽记录，然后进行分析处理，从而判断他们心理活动特征的方法。观察法是科学研究最基本的方法，是收集第一手资料的最直接的手段，它包括自然观察和参与观察。

1. 自然观察

研究者在自然情景中，通过对个体或群体的行为做直接观察和记录，从而获得有关行为变化的规律。研究者也许要在实际现场中逗留一段时间，以测量某种类型行为发生的次数，例如亲社会行为或者攻击性行为等等，都可能是观察的对象。

2. 参与观察

在参与观察中，研究者不再是被动的观察者，研究者可能会在所观察的情境中扮演某种角色，成为实际的参与者。虽然参与观察可以提供搜集个案研究资料一些特殊的机会，但研究者必须注意避免潜在偏见的产生。而 Bogdewic（1992）提出几点进行观察时的注意事项：

(1) 研究者不要妨碍会议或教学的进行，只需要专注于搜集资料和学习经验，多听少说。

(2) 研究者应该以诚恳和开放的态度与研究参与者相处。

(3) 研究者不应该预设自己的立场，因为研究者原有的学术知识可能是一种偏见，应该以开放的态度掌握不同的观点和现象。

(4) 研究者应该做一个具有反省能力的听众，时时反省所听、所见，并学习所研究情境的语言。这样做有助于维持和研究参与者彼此信任的关系。

(5) 研究者应该适时自我表达，当研究参与者对研究者的背景产生好奇时，应该诚恳地讨论研究者个人的兴趣和经验。

无论自然观察还是参与观察，观察本身只是一半的工作，而另一半工作需要研究者在观察中迅速地、真实地记录要点。观察记录是一个研究中最终出现的原始材料。记录越完整，分析就越方便。记录项目和内容的多少依赖于研究者的角色以及他在活动中参与的程度。由于科学技术的提高，观察记录的方法不仅仅是纸笔记录，录音、录像也是一种更加方便有效的观察记录手段。在观察结束后，根据记录要点尽可能多地回忆并整理观察的内容。

二、访谈法

访谈法是通过谈话来了解个体心理活动的一种方法。采用这一方法的时候，首先应当根据研究目的和谈话对象的特点拟订谈话的话题和内容大纲。谈话的过程和结果应当由研究者本人或共同工作者作录音或者详细的笔录。

访谈的形式可分为开放式访谈、焦点访谈、结构式访谈，其总的原则如下：

1. 研究者提供机会让受访者充分表达意见。
2. 研究者使用适当的动作语言和保持必要的沉默，表现耐心地倾听。
3. 研究者提供时间让受访者组织他的想法，弹性调整访谈内容，不拘泥于既定访谈架构。

访谈的主要功能在于协助研究者捕捉研究参与者的经验和观点，这些经验有时只能通过口头表达才能获得。另外研究者通过访谈可以扩展研究问题的层次。

需要注意的是访谈所得信息只能当作是口头上的传闻，因为受访者通常会有回忆不完整、具有偏见以及回答不够清晰或不确实等问题。所以，研究者最好将访谈信息与其他来源的数据相互印证。

三、调查法

调查法是通过让参与者填写书面问卷，从而了解参与者心理的一种方法，如小学生阅读兴趣的调查或中学生理想的调查等等。这种方法的优点是比较简单易行，可以在同一时间研究很多人。但缺点也比较多，参与者的回答往往不能代表真正的心理状态；而且仅仅依靠书面回答来判断参与者心理发展情况，常常是不可靠的。

研究者可以根据研究目的，以书面形式将要收集的材料列成明确的问题，让参与者回答。更为常用的形式是将一个问题回答范围的各种可能性都列在问卷上，让被试圈定，研究者根据参与者的回答，分析整理结果。

四、测验法

测验法是指采用一套标准化的测验题目，按照规定的程序，对个体心理的某一方面进行测量，然后将测量结果与常模做比较，对心理发展水平或特点作出评定和诊断的过程。心理测验可以分为能力测验、个性测验、神经心理测验、行为适应量表、临床评定量表等。

五、作品分析法

作品分析法是通过对参与者作品的分析来了解个体心理活动的一种方法。作品的种类很多，如日记、作文、绘画、各种作业、工艺制作等等。通过这些作品，可以分析个体某一方面的心理活动，如观察力、想象力、理解力或兴趣、能力、性格等特点。例如，通过儿童的作文、日记，可以分析其思维和言语的发展，也可以分析儿童的兴趣和理想的发展。

作品分析法的优点是，信息获得较为容易，不需要耗费较多精力，并且信息稳定性高。在发展心理学的研究中，个体过去的历史或家庭生活情况通过日记进行研究更加准确。作品分析的局限主要体现在作品可能是不完整的，也可能提供了不具有代表性的事例；同时，怎样确定作品的真实性和准确性也是一个重要问题。

六、实验法

实验法是研究者根据一定的研究目的，事先拟订周密的设计，把与研究无关的因素控制起来，让被研究者在一定的条件下引发出某种行为，从而研究一定条件与某种行为之间的因果关系。在心理学中，通常把实验的研究者称为主试，把被研究者称为被试。实验法是一种较严格的、客观的研究方法，在心理学中占有重要的位置。实验法可分为实验室实验和自然实验两种。

1. 实验室实验

实验室实验是在心理实验室里使用仪器设备进行的有控制的观察。它可以提供精确的实验结果，常用于对感知、记忆、思维、动作和生理机制方面的研究。

2. 现场实验

现场实验是在被试的原有环境中进行的有控制的观察。例如在工厂里不影响工人工作的条件下，研究背景音乐对工人工作效率的影响；在运动场上研究小学儿童在体育活动中的互助行为等。

七、个案研究法

个案研究是在真实的生活情境中,研究个体的某种心理特质。一般来讲,个案研究都是在某项理论的指导下,借助各种信息收集的方式和数据分析方法,探讨核心问题的研究方法。通常个案研究的个案数目很少,虽然不能作出普遍的类推,但是可以深入、连贯地描绘所要研究的个案。虽然个案研究的样本不大,有时其研究成果也能产生很大的影响。如著名的儿童心理学家皮亚杰曾以自己的小孩为研究对象,根据其行为及认知发展,提出著名的认知结构理论,并对教育上的课程与教学产生重大影响。

个案研究的资料收集途径很多,如访谈法、调查法、参与观察法、作品分析法等,不同的方法相结合得到完整的结果。因此信息收集全面是个案研究的一大优点,全面地收集信息并且分析信息才能发现问题产生的原因和相关因素。此外,个案研究本身对个体有所帮助。由于研究在实际情境中进行,在研究者和参与者互动的过程中,能促使参与者充分的反思,进而更了解问题背后隐含的意义,因此对参与者有很大帮助。

个案研究的不足是研究容易受主观偏差影响。研究者容易产生"首因效应"和"晕轮效应",而影响其收集哪些数据,放弃哪些数据,从而不能保证研究的客观性。此外,个案研究结果缺乏普遍性。因为个案研究往往集中于个人、少数人(团体)或者特殊的对象,样本较缺乏代表性,其研究结果难以推论到研究之外其他个案。

发展心理学是一门实证性很强的科学。有关参与者心理的特点和规律,只能从收集到的实际材料中分析、综合,而不能凭研究者想当然地发挥。因此每个心理学的研究者都要学会正确使用研究方法。心理现象是复杂的，运用哪一种方法，要根据研究对象、研究条件、研究目的来确定，有时要综合好几种方法才能收集到多方面的资料。心理学的各种研究方法是收集感性材料的直接手段，目的是要从中分析、归纳出规律性的东西。

第二节 发展心理学的研究设计

在发展心理学中，年龄是被检验最多的变量，因为年龄存在着自然的变化，现在的 6 岁儿童将来会变成 16 岁、26 岁、66 岁。不同年龄阶段的个体，其发展特点和时代特征是不同的，我们这一节中将重点介绍和年龄有关的研究设计：纵向研究（longitudinal study）、横断研究（cross-sectional study）、时序设计研究（sequential design study）。

一、纵向研究

纵向研究（longitudinal study）又称追踪研究，是指在跨越一定时间的间隔下，对同一群被试进行定期的观察、测量或者实验，以探究其心理发展的规律或特点。纵向设计所涉及的变化不是由实验操纵引起的，而是自然产生的。因此在干预或训练研究中，尽管同一组儿童可能会接受多次测验，其后继测验却不能归为纵向设计。

纵向研究直接测量年龄变化，直接揭示了个体内部随时间推逝产生的发展变化，因此通过长期的追踪研究，可以获得心理发展连续性与阶段性的资料，从而系统、详尽地了解个体量变与质变的规律。纵向不仅研究适合与追踪某一特质或一种行为系统的发展过程，而且有助于探明个体早期发展的机制，探索新的研究领域。例如，皮亚杰（1952）以自己的三个孩子为研究对象，对他们进行了从出生到2岁的纵向研究。他精心考察了婴儿智力行为的发展顺序和相互关系，总结了婴儿智力的概念。

纵向设计研究的缺点是费用大，研究周期长，由于研究的时间跨度大会出现测验过时性的问题；研究中被试样本中的个体可能会因各种原因从研究中流失，诸如不愿意继续参与研究、搬迁或者死亡等，这种被试流失将影响取样的代表性；参与者重复接受同样的测验或者相似的测验，先前进行的测验对后来的测验造成影响，产生"练习效应"。许多追踪研究都要面临一个"时代—历史的混淆"（age-history confound）。这种混淆是因为年龄比较是在被试内进行的，如果我们要求不同的年龄，就比如要在不同的时间测试。例如，我们要检验15—20岁之间的变化，我们要选择1991年出生的被试，在他们15岁的时候测试，20岁进行重测。如果第二次测试的结果与第一次不同，那么我们有两种解释：参与者的年龄增长了5岁或者第一次测验时间是2005年而第二次测验时间是2010年。

> **专　栏**
>
> **父亲教养态度与儿童在4—7岁间的问题行为和学校适应**
>
> 　　为探讨儿童气质发展与家庭影响因素。通过检索北京市海淀区和西城区的派出所、街道卫生保健站的儿童系统管理资料，随机选取208名21—27个月的健康儿童，征得家长同意后对他们进行2岁、4岁和7岁的追踪研究。本研究选取参加4岁和7岁问卷调查的54名儿童（24男，30女）及其父亲作为被试。

表 儿童4岁、7岁时父亲对待男孩和女孩不同态度的比较

教养态度	4岁							7岁						
	男孩(n=24)		女孩(n=30)		t	p		男孩(n=24)		女孩(n=30)		t	p
	M	SD	M	SD				M	SD	M	SD			
接受性	4.53	0.55	4.51	0.59	0.12	0.82		4.58	0.65	4.89	0.59	−0.75	0.94
拒绝	4.65	0.62	4.75	0.69	−0.52	0.56		4.52	0.57	4.93	0.41	−2.95	0.09*
过分关心	4.12	0.55	4.41	0.71	−1.70	0.10		4.00	0.61	4.24	0.85	−1.20	0.05*
限制	2.73	0.83	2.99	0.79	−1.18	0.50		2.91	0.89	3.08	0.85	−0.71	0.61
惩罚	2.94	0.75	2.89	0.59	0.27	0.35		3.04	0.86	2.86	0.77	0.77	0.61
鼓励独立	5.12	0.47	4.88	0.66	1.53	0.05*		5.25	0.41	5.31	0.60	−0.44	0.08*
控制	3.44	0.83	3.50	0.67	−0.28	0.56		3.69	0.67	3.57	0.63	0.66	0.78
鼓励成就	5.70	0.88	5.67	0.65	0.16	0.06*		5.73	0.71	5.91	0.63	0.98	0.47

(资料来源:陈会昌等.父亲教养态度与儿童在4～7岁间的问题行为和学校适应.心理科学,2004,5)

> 在儿童 4 岁时，请父母填写 Achenbach 儿童行为调查表（CBCL, Achenbach, 1991）考察儿童的问题行为，并用儿童抚养行为 Q 分类卡片（CRPR）来考察父亲的教养态度。在儿童 7 岁时向同一批被试发放同样的问卷（适用于 4—16 岁）和同样的 Q 分类卡片，让他们用与儿童 4 岁时相同的方法完成任务。在儿童 7 岁时，请其班主任完成 Hightower 等人编制的《儿童社会行为评价问卷》（Teacher-Child Rating Scale, T-CRS, Hightower, et al, 1986），对儿童的学校适应情况进行评定。结果发现：父亲的过分关心能显著预测男孩的外显和内隐问题行为；父亲的拒绝和控制能显著预测儿童在学校中的助人行为；从 4 岁到 7 岁，父亲的教养态度既有稳定性，又有一定的变化；父亲对待男孩和女孩的教养态度差异显著。

在纵向研究中，采用交叉时序滞后设计（cross-lagged longitudinal design）可以根据变量间时序关系从相关数据中提取因果关系。该方法要求在两个或者多个时间点上测量两个变量或两个以上变量，利用先有因再有果的事实，通过追踪 A 和 B 之间相关的变化，清楚地了解究竟是 A 引起 B 还是 B 引起 A。

在两个变量和两个测量时间的研究中，出现 6 组可能的相关。如图所示（r 表示相关系数）在时间 1 和时间 2 上 A 和 B 之间的相关，A 和 B 各自稳定的跨时间相关，以及 A 和 B 之间跨时间段上的相关（对角线上）。对角线上的信息是判定 A 和 B 之间因果方向的关键。如果 A 是原因，那么根据原因上的变化导致结果上的变化，时间 1 上的 A 和时间 2 上的 B 之间应该有显著高相关，而时间 1 上的 B 和时间 2 上的 A 之间的相关很低。反之，如果 B 是原因，B_1 与 A_2 之间的相关高于 A_1 与 B_2 之间的相关。

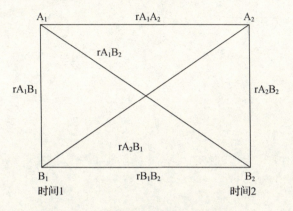

图3.1 交叉时序滞后设计中变量间的相关

专栏

父母教养态度与儿童在2—4岁期间的问题行为

考察父母的教养态度和儿童在 2—4 岁间的问题行为的发展变化，采用交叉时序滞后设计，对 172 名儿童从 2 岁起进行 2 年追踪，在被试 2 岁和 4 岁时，分别对他们的父母进行问卷调查。结果发现：儿童外显问题行为与父母教养态度的相互作用较强，儿童在 2 岁时的外显问题行为可以预测 4 岁时母亲的惩罚性，内隐问题行为与父母教养态度的相互作用较弱；在 2—4 岁之间，儿童外显问题行为具有较高的稳定性，内隐问题行为的稳定性相对略低，父母教养态度也都具有一定的稳定性。

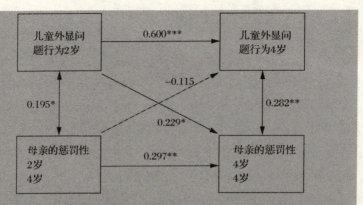

图1 儿童外显问题行为与母亲的惩罚性的交叉时序滞后回归分析

(*p<0.05；**p<0.01；***p<0.001 下同)

图中两个双向箭头实线表示相关显著（如果是虚线表示相关不显著），线旁边的数据为相关系数；四个单向箭头表示采用强迫法（enter）获得的二元回归分析结果，线旁边的数据为偏回归系数 β 值,实线表示回归结果具有统计意义,虚线表示结果不显著。由此可见儿童2—4岁的问题行为与父母教养态度之间存在一定的相互作用：外显问题行为与父母教养态度的相互作用比较显著,儿童2岁时的外显问题行为可以预测4岁时母亲的惩罚性。

（资料来源：吕勤等：父母教养态度与儿童在2—4岁期间的问题行为,心理学报，2002.1)

二、横断研究

横断研究（cross-sectional study）是指在同一时间内,对不同年龄组被试进行观察、测量或实验,以探究心理发展的规律或特点。例如,为了研究个体短时记忆广度的发展趋势,可以运用横断设计研究对6—70岁个体进行实验研究,结果发现,短时记忆广度在16岁达到最高峰。

横断设计研究的优点是在短时间内收集到较多的资料，有助于描述心理发展的规律与趋势；此外，样本也容易选取和控制。这种设计成本低，省时省力，见效快，目前发展心理学的研究多采用这一设计。

横断设计研究的缺点是不能直接测量到随年龄变化而产生的变化，也不能回答有关个体一段时间内稳定性的问题；在不同年龄阶段测试不同的样本，还可能引起选择偏差，一些非年龄变量的差异有可能导致结果的差异；横断研究无法避免不同年代人的混淆，即世代效应（cohort effect）因为横断研究中样本的年龄不同，所以他们出生的时代和成长的环境必然存在差异。例如，现在 80 岁的老人在儿童或少年时期都经历过战争年代，到中老年才看到电视及现代家用电器，而现在 30 岁的青年在少年期就开始使用现代化家用电器。如果我们发现 30 岁的样本和 80 岁的样本在结果上有什么差异，应该将这种差异归因为年龄的差异还是生长年代的不同呢？研究中如果考察 IQ 成绩，那么世代效应的影响相当重要（Schaie，1994）；如果研究心率，那么世代效应就不是很重要了。

专栏

横断研究探索短时记忆及其一生发展的状况

研究者们对人生各个阶段短时记忆发展的理解不断深入。采用相同的实验任务和控制条件，在同一时间内对上海市 120 名被试的短时记忆广度作了检测，从而对贯穿整个一生的过程进行完整的描述。

120 名被试来自上海市区的学校和社区，年龄跨度为 6—70 岁，被分为 10 组，每个年龄组 12 人，各组被

试的性别比例均等于或接近于 1∶1。成年被试文化程度最低为初中,最高为大学本科。(结果见下表)

表 不同年龄被试三种材料的记忆广度

年龄	数字广度(SD)	颜色广度(SD)	图形广度(SD)
6	5.42(0.73)	3.83(0.89)	2.63(0.57)
8	6.46(1.20)	4.00(0.90)	3.33(1.37)
10	6.88(0.96)	4.71(0.81)	4.33(1.09)
13	7.38(1.09)	5.50(0.93)	4.83(1.09)
16	9.50(1.37)	7.04(1.32)	6.33(1.93)
20	8.50(1.92)	5.96(1.14)	5.50(1.38)
30	8.58(0.90)	5.33(0.90)	4.88(1.79)
45	7.42(1.53)	4.58(0.87)	3.50(0.77)
55	6.46(0.84)	4.13(1.13)	3.38(0.96)
70	5.58(0.95)	3.21(1.36)	3.13(0.83)

研究显示,三种记忆广度在儿童期随着年龄而逐渐增加,都在 16 岁达到最高峰,以后开始衰退。16 岁到 20 岁期间是短时记忆能力衰退速度最快的年龄阶段。

(资料来源:陈国鹏等:短时记忆及其策略一生发展的横断研究,心理科学,2005.4)

三、时序设计研究

时序设计研究 (sequential design study) 是将横断研究与纵向研究融合在一个设计中,从而将年龄、同辈、测量时间等效应梳理清楚,以更好地探查心理发展变化的特点与转折点。

如图,被试样本从不同出生年份的群体中抽取出来,并在相同的时间间隔对他们进行重复测试。分别将在 1990 年、

2000 年和 2010 年测得的 10 岁、20 岁和 30 岁的参与者进行比较，从 1990 年开始的每 10 年一次测量相当于一次横断研

表 3.1　序列设计范例

	测量时间		
	1990 年	2000 年	2010 年
1960 年生人	30		
1970 年生人	20	30	
1980 年生人	10	20	30
1990 年生人		<u>10</u>	<u>20</u>
2000 年生人			10

究，而对 1970 年生人 20 岁、30 岁的追踪研究和对 1980 年生人 10 岁、20 岁、30 岁的追踪研究相当于一次纵向研究，时序设计研究的优点在于由于多次测量，年龄因素不会与世代效应混淆，因此克服了横断研究的主要缺点；由于样本是从出生年份不同的总体中抽取出来的，因此克服了纵向研究限于同辈群体的局限性；由于在不同的时间测量相同的年龄组，因此在横断和纵向两个维度的基础上增加了一个时间滞后的维度。总的来说，它所包含的信息比标准设计更加丰富，因此更容易区分不同因素的作用。

尽管时序设计研究能比横断研究和纵向研究提供更多的信息，但是这种设计在时间、精力、金钱上的消耗也更大。例如，执行上面的设计需要 20 年的时间和 5 组被试（相关样本时），从研究的有效性出发，最好的设计是那些能够实际操作的设计。

专栏

谢伊等 (Schaie, 1993, 1994, 1996b) 关于 IQ 的研究

谢伊于 1956 年选取了年龄在 21—70 岁之间的 500 名成人进行测试，该测试构成一个横断研究。1963 年进行了第二次测试，其中一组样本是参加 1956 年测试后

能够再参加测试的303名参与者,另一组样本是独立的横断样本,年龄范围在21—74岁之间的977名成人。此后每隔7年采集一次样本,在追踪原来样本的基础上,增加一批年龄在25岁至81岁的被试。

表 谢伊时序研究样本均数一览表

	测	试	时	间	
	1956年	1963年	1970年	1977年	1984年	1991年
样本1	$N_1=500$	$N_2=303$	$N_3=162$	$N_4=130$	$N_5=97$	$N_6=71$
样本2		$N_1=997$	$N_2=420$	$N_3=337$	$N_4=225$	$N_5=161$
样本3			$N_1=705$	$N_2=340$	$N_3=223$	$N_4=175$
样本4				$N_1=609$	$N_2=295$	$N_3=201$
样本5					$N_1=629$	$N_2=428$
样本6						$N_1=693$

该研究清楚地发现,基本心理能力评估中不同能力所表现出的不同变化模式,即"成年期所有智能并没有统一的与年龄相关的变化模式。一些能力随年龄增长而降低,而另一些能力随年龄增长出现了提高"(Schaie,1994)。各个年龄阶段的比较中(如60岁与74岁的比较),横断形式与纵向形式出现多次,而且前一组分析所表明的年龄差异,总是大于后一组分析所表明的年龄差异,由此可以看出横向研究与纵向研究的差异。

四、跨文化比较研究

跨文化比较研究(cross-cultural comparison)对照检验不同文化中的资料,进行统计分析,是建立在抽样基础上的跨地区、跨文化的归纳。其特点是从世界各地不同的民族搜集的资料中抽样,把这些抽样的资料作统计分析来说明一种心理特质的发展规律。选取的样本最好是随机的,这样就可以使跨文化研究的结果更能适用于大多数社会和大多数区域。

跨文化研究始于人类学,并逐渐成为行为和社会研究的重要方法之一。英国心理学家米尔(J.Mill,1806—1873)是跨文化比较研究方法应用于心理学的奠基人。他强调研究人的心理形成的文化环境,并按照一定规则研究文化对人类性格的影响。20世纪30年代美国耶鲁大学人类文化研究所的成立,以及人类关系区域档案的建立,标志着美国运用多学科交叉方法研究人类文化课题的开端。研究人员认为,只有将人类学和心理学有机结合起来,社会科学家们才能够对人类行为作出正确的解释。

60年代以后,由于文化人类学的发展,心理学家逐渐意识到人格、行为同文化的联系。既然行为是文化的产物,那么意味着心理学应该研究"世界上各个地方的人的行为,而不是仅仅研究高度工业化国家那些便于找到的人的行为"。心理学家逐步接受了"这样一个事实,即心理学的任何定义(人类行为的科学研究)都必须把在世界各个角落里发现的多样化的行为纳入到考虑的范围之中"。跨文化心理学由此而诞生了。它的意义并非在于开辟了心理学研究的一个新领域,而在于为心理学家提供了一个新的方法论,为人类行为的理解提供了一个新的视野。

跨文化心理学的主要目的,自其产生起,应该说就是较明确的,用美国跨文化心理学家西格尔等的一段论述,可以概括跨文化心理学研究的宗旨:"人类行为既是多种多样的,又是富有秩序的,也就是说,对于人类行为可以进行系统的科学研究,然而为了公平对待这一课题,就必须注意到人类赖以生活的各种各样的生态环境和文化环境。"

跨文化比较研究的研究对象是把不同文化背景下人们的心理现象进行比较研究，其实质是一种文化间的比较，该方法拓宽了心理学的视野，使研究结果更接近全人类普遍特性。因此它不仅研究不同文化背景下人们心理上的差异，更要揭示或验证已发现的心理规律、心理特征的全人类性。因此，它对更深入探讨遗传、环境在心理发展中的作用；对心理学方法论的发展，以及对社会实践应用，尤其是对少数民族地区民族教育的发展，不同民族工作人员的评价与录用，以及各民族的团结，都具有非常重要的意义。

跨文化的研究方法从一个新的角度提供了对行为的解释，使得心理学家可以从文化的视野看待行为，有助于对行为本质的理解。使用跨文化的研究方法，通过两种或两种以上文化的比较，可以对心理学的概念和理论进行比较性的检验，从而可以验证这些研究结论的效度，改善研究成果的质量。弗洛伊德通过梦的分析，认为儿童具有仇视父亲、依恋母亲的"恋母情结"。母亲是儿童"里比多"的对象，但是父亲却成为儿童的"情敌"，因此儿童的梦境中经常会出现父亲意外死亡的内容。这表现了儿童潜意识中对父亲的仇视。但是对处于母系社会的巴布新几内亚群岛上的土著人的研究表明，那里的儿童在梦境中仇视的对象不是父亲，而是舅舅。父亲是母亲的情人，舅舅是儿童行为的管教者。为什么土著儿童不仇视自己的"情敌"，而仇视与母亲没有情欲关系的舅舅呢？这说明儿童潜意识有一种摆脱权威控制的愿望，谁代表了这个权威，就成为梦境中的牺牲品，与儿童的情欲发展无关。跨文化的研究为纠正弗洛伊德的理论提供了重要的经验佐证。

大部分心理学理论都建筑在有限的观察基础之上，经常的情况是，研究者通过实验室的研究，或者至多在一种文化条件下进行假设的检验，研究结论往往没有跨文化应用的效度，其所赖以建立的理论缺乏生命力。实际上，一种理论只有经过多种文化条件下的检验，才能称之为有效的。皮亚杰就认识到跨文化研究的这种独特价值。他的认知发展理论假定儿童的思维不同于成人，思维的发展经过了感知运动阶段、前运算阶段、具体运算阶段和形式运算阶段。这些阶段的次序是否是不变的？如果在所有的文化条件下儿童思维的发展都不变地经过这几个阶段，则生物因素在其中起着决定作用；如果依文化条件而不同，则生物因素的作用就几乎可以不予考虑了，而应该考虑社会文化因素的影响。我国发展心理学家以不同民族的儿童为被试，进行了皮亚杰认知发展理论的研究。系统的跨文化研究支持了这一设想：儿童认知发展呈阶段性，并且阶段的顺序是不变的；儿童在完成各种守恒任务时经过不同的发展水平，儿童给出的解释理由类型也显示出一定的顺序性；具体运算阶段各项守恒实验通过的顺序在不同地区和不同民族大体是一致的。这为皮亚杰理论的文化普适性提供了有力的事实依据。

　　在跨文化研究中存在"特殊性—普遍性"的研究取向。普遍性研究（etic approach）策略是以同样的方法、程序、概念和理论应用于不同的社会，通过比较，找出不同文化影响之下行为的共同性和差异性。这种研究策略是站在文化之外研究文化，且把文化看成是一个外在的系统对个体产生影响。特殊性研究（emic approach）策略不是把文化看做个体之外的影响因素，而是把文化看做是人类行为的组成部分，因为文化是人类互动的结果，文化并非脱离人而存在的外在系统。因此这种研究策略是站在文化之内研究文化，所追求的目标是每一种文化之下行为的特殊性。两种研究策略各有其优点。

普遍性策略的价值在于：（1）它可以给人类行为的共同性和差异性提供一种基本的解释，增进人们对人类行为的整体理解；（2）通过这种研究策略的实施，可以发展出标准的研究程序和方法，提高研究的技术水平；（3）可以作为研究者了解不同文化的基础，因为在研究的初始时，研究者对其他文化没有基本的了解，这种策略可以提供便利的研究技术和理论假设；（4）普遍性策略在选定的文化之间进行比较，较之深入文化内部进行研究更为节省人力和物力。特殊性研究策略的价值在于：（1）这种研究策略使得研究者可以在文化的内部对文化的建构方式、文化与行为的联系进行整体的理解；（2）研究者不是把文化作为一个外在于自己的对象，而是将其本身作为文化的一个部分，因而可以产生对文化的特殊心理体验；（3）它使得研究者可以在日常生活中理解人们的行为，在行为发生的情景中理解行为，在文化生活中理解态度、兴趣、气质、人格、情绪和意志等等；（4）如果承认行为与文化的联系，那么特殊性策略真正把心理学建立在了文化的基础上，因为文化是具体的，行为与文化的联系是同具体文化的联系，而不是与抽象文化的联系。这两种研究策略是相互联系、不可分割的。两者有如形成立体视觉的两幅图画，只有结合在一起才能形成完整的立体视觉。因此，普遍性策略和特殊性策略是从两个不同的角度研究同一种行为，其关系是互补的、共生的，而不是对立的。

专栏

3—5岁幼儿自我延迟满足的发展特点及其中澳跨文化比较

在中国大连市两所普通幼儿园随机抽取 86 名 3.5 岁—4.5 岁头生幼儿,男女各半,平均年龄 48.2 个月,标准差为 3.599 个月;在澳大利亚昆士兰州布里斯班市普通幼儿园随机选取 36 名 3.5—4.5 岁头生幼儿,男 21 人,女 15 人,平均年龄 50 个月,标准差为 4.55 个月。对两国幼儿年龄的同志性差异检验布显著,$F(35, 85) = 1.5983$,$p > 0.05$。实验的自变量为国别。

结果,澳大利亚幼儿自我延迟满足发展水平高于我国同龄幼儿。澳大利亚幼儿完成选择等待的人数多,更多使用自我分心、问题解决策略,平均延迟时间长;我国幼儿完成选择等待的人数少,更多使用寻求策略,平均延迟时间短。其差异主要是由于两国文化价值观念不同,导致两国教育方式与内容存在差异。受年龄因素制约,中澳幼儿自我延迟满足策略选择也有一定的相似性。

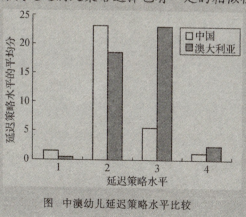

图 中澳幼儿延迟策略水平比较

(资料来源:杨丽珠等:3—5岁幼儿自我延迟满足的发展特点及其中澳跨文化比较,心理学报,2005.2)

第三节 发展研究中的伦理问题

一、发展研究伦理的原则

心理学的研究必须遵循两条准则：具有科学价值；符合伦理道德。如果在任何一个准则上存在严重的怀疑，研究就应该被中止。在发展心理学研究中参与者多为儿童，伦理原则的保护性指导更加广泛和细致。这些伦理规则不是为研究人为设置障碍，相反，它协助设计研究，使心理学的研究更加人性化。

各种专业协会相继开发出伦理标准，供成员开展研究时参考。如，美国心理学会于1992年公布了《心理学家伦理原则和执行规章》；加拿大心理学会于1991年发布了《加拿大心理学家道德章程》；儿童发展研究者的主要组织——儿童发展研究协会于1990年公布了儿童参与研究的指导方针，为发展研究人员提供了一个详尽的参考标准。当然，研究伦理原则不可避免地存在概括性，因此研究人员必须仔细考虑在具体情况下如何运作。

专栏

美国心理学会规定的心理学家的伦理原则，部分内容摘录如下：

1. 设计研究时，研究者有责任事先评估该研究的伦理接受性，以保护实验参与者的权益。

2. 研究者应根据上面的评估标准，考虑参与者在研究设计中是否为"冒险主体"。

3. 研究者有责任对参与研究的相关人员给予研究伦理的安置。

4. 研究者应与参与研究者签订一个清楚和合理的协议,并有义务去实践该协议。

5. 设计研究时,研究者必须确定如果有其他可用的程序,则不一定使用隐藏或欺骗的手段,若必须使用也尽可能有充分的解释。

6. 研究者应尊重参与者随时拒绝研究的权利。

7. 研究者应保护参与者免受物理或精神的迫害,以及由实验所造成的伤害或危险,实验过程中若可能存在这些危险结果,研究者必须事先通知参与者。

8. 数据采集完毕,研究者应向参与者解释研究的性质,以避免参与者对研究产生理解的偏差。

9. 当研究产生对参与者不利的结果时,研究者有责任验证、删除或修正研究结果。

10. 研究开始时,研究者须先征求参与者的同意,保证研究数据的保密性,如有其他人可能获得数据必先知会参与者。

二、研究参与者的权利

各专业机构详细描述了研究者应遵循的原则,同时也提出了参与者的诸多权利,其中最为重要的是知情同意、避免伤害和保密性权利。

1. 知情同意

知情同意指参与者必须知道研究方案包括什么,并且明确表述是否愿意参加研究,它包括"知情"和"同意"两个部分。"知情"指参与者必须了解自己在研究中将承担的角色。研究者可以为参与者提供一份"同意书",在同意书中写清楚研究目的及方法，并要求参与者在同意后签字表示愿意参加研究。但是有些研究受主题的限制不能完全披露研究目的，例如，费斯廷戈的认知偏差实验。只有这种主题很重要，并且没有别的替代方法获得必要信息时，才可以这么做。尽管参与者不能事先得知所有信息，但是也要在不会影响反应的情况下告知尽可能多的信息。一旦测验完成，研究者应告诉其真正的研究目的和实验过程。"同意"指参与者在公平的解释情况下自愿参加实验，当参与者明确表示要退出时，他们不能被迫继续。无论具体情况如何，研究者必须在获得最多参与者与保证他们真正自愿之间找到一个平衡点。发展心理学研究的大部分参与者是儿童，年幼的儿童没有能力作出他们充分知情后同意参加研究的决定。从而，必须从儿童的父母或者所在学校处获得许可。

2. 避免伤害

避免伤害在心理学研究中不仅仅是物理上的伤害，更重要的是要考虑到心理上的伤害。艾伯特（Albert）害怕实验是心理学史上具有代表性的经典性条件反射原理，也是众所周知的对人造成心理伤害的实验研究。（详见第三章第二节华生的环境决定论）由于这个实验会给儿童的心灵带来伤害，而受到人们的指责。心理伤害是比物理伤害更模糊不清的概念，并且无论在研究伦理的一般性讨论还是有关特定研究方案的评估中，这都成为众多争论的主题。避免心理伤害并不意味着参与者在研究过程中不能发生任何不愉快的事情。参与者可能对单调重复的作业感到无聊、厌烦，甚至希望自己不在这个地方，或许可能认为实验程序的某些部分令人焦躁，甚至导致在他非常希望成功的作业上失败等等。但是这并不能对参与者造成伤害。

3. 保密性

保密性指研究中得到的信息必须局限于某一定义明确的科学用途上，这应当在充分知情后征得同意时向参与者讲清楚。保密的问题可能出现在研究过程的两个地方。一是在数据收集和保存的时候。如果参与者的姓名出现在数据表中，由于难免有未经授权的人可能看到数据表，从而泄漏一些不该透露的信息。有效的解决办法是制作一张单独的姓名转换表，并且存放在另外的地方。第二处可能出现保密性问题的地方是发表论文的时候。在研究者分享研究成果的论文中，保护个体参与者的匿名性是很重要的。大部分心理学研究报告保证匿名是没有困难的，研究者只要避免在谈话中不经意透露被试的信息即可。

在研究人员的最初想法和对儿童的最终测试之间有众多的保护机构。这些保护机构的主要目的当然是保护儿童的权利。从研究人员的观点来看，多重的保护也有两点其他含义。首先，除了计划研究时对伦理的慎重考虑外，向别人介绍研究时巧妙地表达自己的研究合乎伦理准则也是很重要的。只有在很多人确信方案有价值并且合乎伦理时，研究才能进行。其次，有足够的时间获取各个保护层面的批准也是很重要的。根据不同渠道协商的难易程度，计划一项研究与最终开始收集数据之间可能需要一段时间。

第四章 起跑线之前的赛程

——胎儿心理的发展

第一节 儿童出生前的生理发展

生命从受精卵形成的瞬间就开始了,胎儿在母体子宫内经过大约 266 天,或者说 38 周的生长发育。胎儿的形成过程一般分为三个时期:受精卵期(germinal stage)、胚胎期(embryonic stage)和胎儿期(fetal stage)。

一、受精卵期

受精卵期(germinal stage)指由卵子受精一直到受精卵在子宫壁上着床的 2 周左右时间。

在受精后的 36 小时,受精卵细胞不断地进行有丝分裂,并且分裂的速度愈来愈快。60 小时后,母体的输卵管中便浮动着一个由 12 个或 16 个细胞所组成的桑葚胚(morula),此时每一个细胞与其他细胞都是分开的,并且都是全能的,也就是说,这时候的每一个细胞均可能发展成一个完全的小生命——这也可能就是同卵双生的小双胞胎生命的开始。到了桑葚胚成形，这些细胞便不再全能，在胚内侧的细胞逐渐变小，并始进行细胞的分化。

在怀孕后的第四天左右，桑葚胚落到子宫壁上，形成由超过一百个细胞组成的一个圆圆的囊胚。此时子宫里充满营养丰富的血液，胚胎外侧细胞会突出微小的绒毛，直接深入母亲的血管。几天之中，囊胚逐渐分化完全，一些较大的细胞形成胚盘——这就是未来的胚胎，最后形成胎儿；而另一边，一些较小的细胞则形成膜以保护胎儿——这将发展成胎儿的生命支持系统，如绒毛膜、羊水、胎盘及卵黄囊等。

二、胚胎期

胚胎期（embryonic stage）指怀孕后的第 2 周到大约第 8 周，在这段时间内小生命逐渐成形。怀孕后的两周，胚盘逐渐被包围并形成胚胎，有三层分开的细胞，最外层突出的细胞是外胚层，将形成脑、脊髓、神经、感觉器官及皮肤等；中间一层细胞很快发展为中胚层，会形成软骨、硬骨、肌肉、血管、心脏以及肾等器官；内层细胞是内胚层，会形成胆、唾腺、胰、肝、心肺以及呼吸系统。

胚胎的生命支持系统已经开始成形。羊膜中充满羊水来保护胚胎。卵黄囊产生血液细胞以及决定胚胎性别的生殖细胞。胎盘为胚胎的多种细胞执行呼吸、消化以及排泄的功能。胎盘和胚胎之间连接着一条规律脉动的脐带，沿着这根黏稠的脐带，一条静脉载着氧气、糖分、脂肪、基本的蛋白质以及矿物质到胚胎。同时两条动脉从胚胎带着废物、二氧化碳以及尿素进入母体，由母亲的肺及肾脏来处理、排除废物。母亲和胚胎的血管由胎盘接触，因此，母亲和胚胎的血液并没有混合,氧气、养分及废物借着胚胎壁上的毛细管而互通。胎盘还能筛除一些有害物质,包括大部分细菌,然而,一些毒素,例如瓦斯以及药物仍可经胎盘由母体送入胚胎。

怀孕后第3、4周,胚胎的细胞快速分化并组织成为一个具有简单功能的个体。胚胎发展过程遵循着从头到脚(cephalocaudal),从躯干到四肢(proximodistal)的顺序进行。凹沟形成一根管子,渐渐发展成脑、脊髓、神经系统以及眼睛的基础。心脏先由一根管子形成,然后再分化为有许多间隔小室的心脏。消化系统及其他结构也都相继发展出雏形。

在怀孕的第8周中,手脚的肢芽以及视觉系统开始成型;胃、食道基本形成;心脏也由本来接近嘴的部位移入胸腔,并且形成瓣膜,把心脏分为上下两部分;神经飞速生长,并在脑、鼻、眼间形成联结;最原始的卵巢、睾丸也已形成。

胚胎末期可以透过精密的显微镜中观察出小胚胎是男或女。在手臂以及腿脚间的软骨开始逐渐被骨骼所代替,这个过程叫做骨化(ossification)。骨化过程是儿童出生前发展中最后阶段开始的明显特征,即胚胎发展到胎儿的一个重要标志。

胚胎期是器官和身体结构正常生长的关键期。因此,在这个阶段,胚胎细胞特别容易受环境因素影响。如果胚胎在这个时期受到辐射、毒素等感染,很容易受伤。由于胚胎细胞能对细胞内的脱氧核糖核酸(DNA)分子作反应,并且准备和身体各种系统间交互反应,因此胚胎对基因的化学物质以及其他细胞分化发展顺序也特别敏感。

三、胎儿期

胎儿期（fetal stage）指怀孕后9周一直到出生为止。胎儿将逐渐长大并发展出各器官及肌肉的功能。第9周时，胎儿消化羊水，并且从已具功能的肾脏中排出尿。用肺呼吸。男性胎儿的阴茎开始发展，神经和肌肉相联结。胎儿开始会踢、掷、躲闪等反射动作。第12周，胎儿能踢、移动脚、卷曲脚趾、握拳头，甚至还可以吸吮他的拇指。最初胚胎以整个身体对刺激作反应，现在胎儿可以通过某个特定部位的移动作出反应，并且伴有不同程度的活动。

第13—16周时，胎儿长得比其他时间更快，因此会伴有胎动。胎儿手指纹和脚趾纹都已经形成，眼睛能感觉光，颈部的肌肉和骨骼也迅速地发展帮助他支撑他的大头。女性胎儿此时发展出内外生殖器——子宫、阴道、阴核以及相关的构造。此时胎盘产生大量的激素，一方面为母亲分泌乳汁做准备，另一方面也能抵抗传染疾病物质。

第17—21周时，胎儿的汗腺、眼睫毛、眉毛以及头发均形成。身体开始长出软毛。胎儿会逐渐摆脱老细胞并发展出新细胞，这些死的皮肤细胞会和油脂混合，从油脂腺分泌出来并包裹住胎儿的身体，成为有保护作用的油脂，使胎儿在充满矿物质的羊水中仍保持皮肤的柔软。

第22—24周时，胎儿第一次张开眼睛，眼睛可上下左右四处转动。肠子落到腹部内。软骨继续不断地转变成硬骨。大脑皮质中用来做复杂思考反应的六层细胞也发展完全。胎儿能抓取、呼吸、吞咽、打嗝以及尝味。胎儿会迅速吞咽一些液体，吸收它，并且通过母体把它排除出去。（Montagu，1962）。6个月大的胎儿尚未从母体得到免疫功能，仍非常脆弱，胎儿或许可以规则地呼吸到24小时，但如果在此时被迫出生，胎儿在缺少精密的医疗照顾之下是不能存活的。

第25—28周时，胎儿的脑中包含了数以兆计、相互联结的神经细胞，这些神经细胞结合成系统专门控制听觉、视觉、嗅觉、发声及身体的移动、呼吸、体温和吞咽。同时许多的反射动作，包括吸吮、抓和紧握均会出现。大多数男性胎儿的睾丸开始从有体温保护的腹部下移至阴囊，而女性胎儿的卵子已在卵巢内形成。

第29—32周时，胎儿脑部的神经细胞形成了分支及神经传导介质，使得信息能在神经之间传递，此时胎儿的神经细胞已经开始工作了。皮肤下维持生命所必需的脂肪层已经形成，可增加胎儿在母体外生存的几率。但是肺组织还没有成熟，肺中的肺泡或小气囊还不能将氧气转换成二氧化碳。胎儿的消化系统和免疫系统也没有成熟。不过，这个时候的胎儿已能够学习了，胎儿开始会倾斜、滚动、害怕，或者因为尖锐的声音而抬起头，胎儿也会因母亲的心跳声及规律的散步得到安慰。研究发现，新生婴儿较喜欢母亲念一些在怀孕的后6周中每天念两次的儿歌，而较不喜欢母亲在怀孕时没有念过的儿歌。显然，胎儿已经学习到并可以辨认在子宫内曾听到的儿歌。

第33—36周时，距出生仅剩几周了，胎儿生长速度慢慢减缓。由于胎儿的头比较重，常常形成头在下、脚在上的情形，此时胎儿的头盖骨挤入了母亲骨盆的环状骨内。胎儿的这种姿势使母亲有负荷减轻的感觉，腹部胀的部位也下移了，横膈膜及肺的压力感减轻，原来松软的胎盘变得坚韧。同时母亲本身对麻疹、腮腺炎、百日咳及其他曾患过疾病的免疫力均会传给胎儿。在快出生时，胎盘会分泌出一种促进阵痛和促进母乳产生的激素——催产激素。这时候,胎儿已准备好离开母体了。

第二节 影响胎儿产前发展的因素

一、母亲情绪对胎儿的影响

母亲孕期焦虑可导致孩子行为障碍,例如,孩子多动、情绪问题、睡眠问题和喂食困难。因为当母亲有害怕或者焦虑的情绪时,会分泌出可体松,可体松传送至血液中,使得母亲的血液直接流入体内的各器官中,而使得婴儿得到的血液较少,因此氧气量也较少。

对自然压力情境下的孕妇作纵向研究表明,母亲怀孕时有严重的压力,会导致胎儿明显的好动,出生时体重较轻,有胃部及进食方面的问题,有过动的情况,对噪音敏感,易暴躁,并且会呕吐、哭叫、腹泻次数多。

研究人员还发现,如果母亲在怀孕的第 12—22 周期间出现焦虑症状,她们的孩子也可能出现焦虑、注意力不足多动障碍(ADHD)。但是,孕妇在怀孕后期出现焦虑症状就不会影响到孩子的行为。

注意力不足多动障碍(ADHD)是一种常见的儿童行为障碍综合征。其症状以注意力涣散、活动过多、冲动任性、自控能力差为特征,并有不同程度的学习困难,但患儿智力一般都正常或接近正常。多动症儿童的症状表现,很容易与正常儿童的举动相混淆,分界线不是很明显,他们之间很难找出根本的区别。有的小儿出生后就表现得兴奋不安、哭闹不宁、注意力转移活跃;有的到一定年龄段发展得更加严重;有的到一定年龄期有所好转,到成人期某些症状消失。

焦虑程度高的妇女在面对每天的压力和日常生活的紧张时,经常会有麻烦。这种焦虑只有在持续一段时间后才会对胎儿造成损害,如果这种焦虑只持续了一分钟,准妈妈们大可不必担心会影响到孩子的健康。因为并不是每一个小压力或焦虑感都会立刻影响到胎儿,这种精神紧张在持续一段时间并积累到一定程度才会对孩子造成损害。

二、疾病对胎儿的影响

1. 糖尿病

糖尿病使母亲的血糖浓度升高,很多患者注射因素林(insulin)来降低血糖。高血糖及因素林会增加流产的机会,同时胎儿可能体重过重,身体与神经方面可能出现问题或死产。研究显示(Yogmen, Cole & Lester, 1982),糖尿病孕妇产下的婴儿注意力较弱,较不警觉,眼球移动速度较慢,且在注意人脸时有点问题,当他们被置于坐姿时,似乎无法正常控制头部,会颤抖,较难照顾。

2. Rh 因子

Rh 因子是存在红血球内的一种蛋白质,大多数的人都是 Rh 阳性的血细胞,只有极少数人是 Rh 阴性的。如果父亲是 Rh 阳性血型,母亲是阴性,那么就生出一个 Rh 阳性血型的孩子,此时 Rh 不兼容情况便产生。若胎儿含有 Rh 因子的血液流入母亲体内(或许在生产时)母亲的身体系统会形成抗体来对抗 Rh 因子。问题并不会在此时产生,等到下一次怀孕,下一个胎儿的红血球便会受此种抗体影响,胎儿可能会患黄疸、早产、死产或脑受伤。若要生存下去,在出生后要立刻换血,甚至在出生前就换血。然而在大部分个案中，Rh 因子阴性的母亲在每次怀孕、生产、流产或堕胎后，会注射免疫球蛋白防止她的免疫系统产生抗体。

3. 风疹

虽然在怀孕的头两个星期胎儿并不会受风疹伤害，但在下几个星期，当胚胎中器官逐渐形成，如果母亲感染到风疹的话，有一半的胚胎会受到伤害。此后危险逐渐减少，在怀孕第二个月中，风疹伤害率降到 22%，在第三个月时约只有 6—8% 的胎儿受伤。胎盘虽然可以作为保护胎儿的屏障，但是仍有许多疾病可以透过胎盘，对胎儿造成损害。更为严重的是，风疹对母亲本人并无太大影响，但对胎儿的危害却十分严重。这是因为，胎儿的发育尚未成熟，他们的体内还没有产生足够的抗体以消灭外来病菌。1964—1965 年，美国流行风疹，有三万多个新生儿死去，并且有约二万个婴儿生来就盲、聋、智力低下或患心脏病。因此没有免疫的妇女在怀孕前六个月或更早需要接受免疫接种。

4. 弓形体病

弓形体病是一种寄生虫病，发源于动物身上。弓形体病发病时的最初症状和感冒差不多，病源一般是生肉以及家养猫。没有弓形体病抗体的孕妇应该避免食用各种生肉并且避开猫的排泄物。因为母亲如果得了这种病，有 40% 的可能会传染给小生命。如果在怀孕头三个月感染上这种病，肯定会损害胎儿的视觉和大脑，如果是以后传染上的仍有轻度的视觉损伤和影响认知功能。

三、营养对胎儿的影响

胎儿的生长发育完全依赖于母体供给营养，胎儿营养的好坏不仅关系着胎儿的生长发育，而且关系着人的一生。孕期由于胎儿、胎盘以及母亲体重增加和基础代谢增高等因素的影响，在整个正常怀孕期间需要额外增加 80000 千卡的热量。WHO（1979）建议早期每日增加热能 150 千卡，而在以后两期每日增加 350 千卡热量。

动物实验证明，怀孕大鼠的蛋白质（酪蛋白）由 30% 降至 6% 之后，仔鼠脑中的脱氧核糖核酸（DNA）及细胞的数目减少，包括大脑和脊髓的神经元减少。从大鼠怀孕第 10—20 天给予低热量但仍维持蛋白质与维生素的供给，出生后仔鼠的大脑重量下降，大脑的宽度、厚度、区域大小、脱氧核糖核酸（DNA）及大脑中蛋白质也都下降。从怀孕第 5 天到仔鼠出生的第 21 天内，限制其蛋白质的摄入，仔鼠出生时的脑细胞减少了 5%，若出生后再限制蛋白质摄入，脑细胞又减少 15%。说明出生前及出生后蛋白质摄取不足，脑细胞的发育会受到严重的阻碍。

在第二次世界大战期间，在为期 18 个月的列宁格勒保卫战的困难日子里，婴儿的死亡率比平时增加了 1 倍，早产儿、新生儿的死亡率也有所增加。1944 年 12 月到 1945 年 5 月，由于战争的影响，荷兰孕妇几乎都存在严重的营养缺乏，其婴儿的出生体重下降，尤其在怀孕后半期营养不足时更为明显，新生儿平均体重约减少 240 克。18 年之后，在征兵中再追踪观察孕期母亲营养不良的孩子，未发现他们的智力明显低下（Montagu, 1962）。

布基（Burke）观察了 216 名母亲及其婴儿，发现产前的膳食与孕期加杂症的发生与婴儿的状况有明显的关系。在家庭收入低且营养状况不佳的孕妇，其孕期的并发症、流产、早产及婴儿死亡率等明显增高。有的学者认为，维生素及矿物质的补充对改善孕妇营养不良有好处，可使婴儿及新生儿的死亡率明显下降。有人发现,对膳食不良的孕妇补充蛋白质,能明显地增加新生儿的出生体重,补充热量也有一定的作用。

营养不良对胎儿会造成不利影响,那么,营养物质的摄取或补充是否越多越好呢?回答是否定的。研究结果告诉我们,在不同的营养状况之下,添加或补充营养物质会有不同的结果。对营养总水平正常的孕妇补充一些营养物质没有对营养水平很低的孕妇那样有效。在孕妇摄入的热能和营养素已能充分满足自身和胎儿的需求后,再过分地补充营养物质则是有害的。因此,比较肯定地说,孕妇的合理营养或平衡膳食对母体及胎儿都有明显的好处。

四、母亲的年龄对胎儿的影响

从生理的角度来看,22—29岁是最适合怀孕的年龄。在此期间,母亲及婴儿在诸多可能的并发症之下,有较高平安存活的胜算。然而现在的社会趋势似乎愈来愈两极化,一方面愈来愈多十几岁的少女怀孕,另一方面也愈来愈多高龄产妇。十几岁的青少年怀孕同样很危险,在生理尚未成熟且心理尚未做好怀孕准备的情况下,很多小妈妈分娩时间过长或早产,她们的胎儿往往体重过轻,很多出生不到一年便去世。高龄产妇较易患有怀孕困难,或产下有问题的孩子。

唐氏综合征(Down's syndrome)是最先得到证明的由常染色体异常引起的疾病,它主要源于第21号常染色体没有分离,使子代的第21对染色体上出现三个染色体,因此又称为21-三体综合征。患者一般为脸型圆鼓,两眼间距更长,塌鼻梁,口小舌大,常伸舌流口水,几乎都有轻度或中度的智能不足问题，所以该病症还可以称为伸舌样白痴或先天愚型。研究发现，随着母亲怀孕年龄的提高，新生儿患唐氏综合征的几率会显著增加。孕妇如果在怀孕的 16—20 周进行羊膜穿刺术，通过对脱落在羊水中胚胎细胞染色体的检验分析，可以早期诊断该胎儿是否患有该症。

五、其他因素对胎儿的影响

1. 药物

在西方社会服药是一件很平常的事，孕妇也如此。据一项调查，怀孕期妇女服药最少 2 种，最多的 32 种，93% 达到 5 种，平均 11 种。使用最多的药品是抗恶心、胃酸、睡眠药、止痛药、预防感冒药，其他的有维生素等。

在 20 世纪 60—70 年代医生处方开出反应停，以减除孕妇恶心和睡不着等反应。据说没有副作用。100 多例有自杀企图的人服用了这药后平静了下来。但对孕妇却造成了灾难，她们生出的孩子都是缺胳膊少腿的。德国医生 Lenz 作了一次系统的调查，不仅在德国，而且在英国、加拿大、斯堪的纳维亚国家等有总数超过 1000 例的儿童，其中受孕 34—38 天之间服了这种药的，结果生出的孩子缺耳朵，38—46 天服药的缺胳膊，40—46 天服用的缺腿，50 天以后服用的很幸运由于过了发展的关键阶段而没有受到损害。

所以怀孕期间要尽量不服药，即使是那些无害的阿斯匹林。

2. 吸烟

美国研究机构 Worldwatch 在一项研究中得出这样的结论："在 1985 年成人死亡的主要原因不是非洲的饥饿，战争或国际恐怖活动，而是吸烟。烟草引发的死亡数远大于其他的毒品。"此外在美国，由于被动吸烟而导致得癌症而死亡比由所有工业污染引发疾病而死亡的总数还要高。于是接下来的问题就是"毒品"是否同样也能进入胎盘。答案是肯定的。怀孕期间吸烟肯定威胁胎儿。早在1935年人们就已知道：① 如果母亲吸烟会加速胎儿的心跳；② 因为吸烟提高了血液中的一氧化碳含量，阻碍了对胎儿的氧气供应；③ 因为尼古丁具有收缩小血管的作用，阻碍了胎儿身体发育所需要的氧气。

但这些结论显然没有引起足够的重视。近年来的研究还证明，吸烟母亲的新生儿体重比平均数低170—200克，每天吸烟的孕妇早产的概率也很高。医学界甚至认为吸烟是发育迟缓和孕期并发症的最主要原因。出生前后死亡的可能性比不吸烟母亲的高35%。尽管这么多的结论都不利于孕妇吸烟，但80年代初在英国仍有40%的孕妇吸烟，紧随其后的是爱尔兰（36%）、瑞典（34%）和德国（32%）。

孕妇吸烟对儿童以后的发展有没有影响？答案也是肯定的。怀孕时每天抽15支烟的母亲的孩子4岁时注意力就有障碍。学龄期不安宁和学习困难也有很高的比例。

前面所说吸烟孕妇的孩子体重过轻，为什么会如此？这是因为过度吸烟的人一般营养都不足，也可能孕妇的这种饮食习惯导致胎儿成长缓慢。此外烟草中有尼古丁，也就是一种化学药品，它能缩小胎儿的血管直径。一氧化碳抑制了红血球的含氧量。这些都对孩子的氧气和营养吸收不利。

被动吸烟对未出世孩子健康有影响的不仅是母亲吸烟，许多不吸烟母亲也吸到烟草味，因为与她们经常在一起的丈夫、朋友或其他人吸烟。孕妇被动吸烟被证明也会导致儿童出生时体重过轻。同样长大后的注意力和学习能力也很成问题。那些父亲吸烟很厉害的婴儿，经检测在其唾液和尿液中尼古丁的含量很高。此外父亲的烟直接对精子的形成造成影响，因为与不吸烟者相比吸烟者的精子常常有异常的。

3. 喝酒

酒精同样会对胎儿的发展形成伤害。这一点人们早就有所了解。据说在圣经中就提到过，如果想怀孕就不要饮酒。在古希腊有一条法律禁止新婚夫妇在结婚那天晚上喝酒，以避免伤害孩子。1899年利物浦的一个狱医对600名喝酒妇女的孩子进行了研究。通过这些母亲还找到了28个不喝酒的女性亲戚，把这些人的孩子作为对照组。结果发现死胎和因病而死的孩子在饮酒组中的比例比不饮酒组的高2.5倍，而在监狱中由于不能喝酒，所以出狱后倒常常能生出健康的孩子。

酒精很容易渗透入胎盘，因为胎儿的肝脏还没有解毒的机能，所以酒精会留在体内。如果母亲每天喝一杯啤酒或葡萄酒，胎儿就会产生酒精综合征。胎儿酒精综合征的外表特征是上嘴唇很薄，鼻子短，两眼分得很开。母亲怀孕时每天只喝一杯酒，儿童以后信息加工的速度也会降低。生理上的影响是脸部有畸形，发育速度放慢。最要命的是大脑的发育遭到重创，脑细胞的数量减少，大脑结构受到伤害。儿童的白血病也与母亲怀孕期间喝酒有关。在西方社会中孕期喝酒被作为影响智力发展、知觉障碍、语言障碍、注意力发展和过度活动的最直接原因。当这些孩子进入成年期，他们脸上的畸形没有了，但认知机能的障碍却始终存在。

母亲喝酒会对孩子造成不同的影响。这一方面是母亲喝酒的程度，另一方面在胎儿的不同阶段酒精的影响可能也不同。但无论如何身体需要大量的氧气来排除酒精，而母亲因为自身喝酒而无法给胎儿提供足够的氧气。

4. 辐射

世界卫生组织（WHO）指出，影响妊娠终止的因素很多，低频电磁场便是其中之一。怀孕 4—12 周时，胎儿还处在胚胎期，胎膜、胎盘正在形成之中，电磁辐射会使胚胎细胞的脱氧核糖核酸受损，受精卵异常，遗传基因和染色体发生突变，便可能造成孕妇流产或胎儿畸形。怀孕 16—20 周时，胎儿正处在大脑形成期。电磁辐射能直接影响胎儿甲状腺素的产生数量和质量，同时血液内的二价铁易被磁化，使血流量减少，引起胎儿的营养缺乏和脑缺氧。从而影响锌和钙吸收的速度，故易使胎儿智力低下、大脑缺氧、低能和痴呆等。怀孕 24—40 周时，胎儿处在成长期，如果孕妇和胎儿血液中二价铁被磁化量增大，心脏博血量减少，影响血液循环和微循环，造成胎儿整体营养不良和缺氧。同时，易使变价的微量元素失去活力，从而破坏胎儿生物酶的活性，胎儿对微量元素吸收受阻，将直接影响胎儿的免疫功能，造成出生后婴儿体弱多病。

联合国原子辐射效应科学委员会和国际放射防止委员会报告指出，胚胎和胎儿组织特别容易受辐射损伤：① 植入前期受照射引起胚胎死亡；② 器官形成期受照射主要造成发育中胎儿器官畸形；③ 胎儿发育期照射主要损伤中枢神经系统，表现为脑缺氧和智力低下。

日本广岛核爆炸事件后出生的婴儿的情况，是核辐射对人类胎儿的灾难性损伤的最好见证。据不完全统计，那些距广岛核爆炸中心较近的孕妇，特别是在怀孕的前 20 周，她们几乎没有可能生出一个正常孩子；即使离核爆炸中心较远的孕妇，她们的孩子发生心脏缺陷、先天性髋关节脱位、畸形眼和各种心理缺陷的比率也比正常者高许多倍。但是，电脑辐射对胎儿是安全的（李竹，2002）。北京大学生育健康研究所从 1991 年开始，在全国范围内对 2000 万例孕期至 7 岁的儿童进行跟踪，发现电脑的电磁辐射量对人体包括孕妇在内都是安全的，对精子、卵子、受精卵、胚胎、胎儿也是安全的。

5. 化学危险

环境中的化学物质正在越来越多地危害胎儿。孕妇暴露在某些化学物质下，使发育中的胎儿受损伤。比如：汞（水银），它常被用于植物种植后的表面，以防止真菌生长。如果一个孕妇在孕期接触了较大量的汞，她的孩子有可能会产生心理迟钝；还有一种化学物质，有机碳氢化合物，被用来杀伤真菌，用来制作杀虫药剂和除莠剂等，它们中的一些会导致流产、死胎以及生出有缺陷的后代；一种化学物质PCB，被用于食物搅拌，后来发现，鸡吃了用 PCB 搅拌过的食物不下蛋；牛吃了以后生出许多死小牛或小牛出生后不久即死；另外有一些二氧化物，它们会使树落叶，使庄稼不收，使人类及动物生出畸形儿，在越南战争中，战区附近的大批植物死亡，据称是战争中使用了大量二氧化物。如果人体中吸收了大量的铅，会导致铅中毒。各种化妆品如口红、指甲油、染发剂、冷烫剂及各种定型剂等对母体和胎儿均有危害，因这些化妆品含有对人体有害的化学物质。通过母体吸收并通过胎盘进入胎儿体内，致使胎儿中毒。

第三节 出生后的婴儿

一、新生儿的特点

美国纽约哥伦比亚大学麻醉医生阿普加（Apgar）在

1953 年首倡"出生后一分钟就要对新生儿进行一次测验"。这是一种快速测定新生儿机体是否正常的量表。这种测验由五个方面的三个等级所构成,每个方面的得分为 0—2 分。最高分 10 分表示非常健康,4—7 分表示不是所有的身体机能都正常,所以要进一步观察,如果在 4 分以下那就很危险了,需要及时抢救,否则会死亡。

表 4.1 新生儿机体测量表

分数	0	1	2
心率	无	少于 100 次/分	多于 100 次/分
呼吸	无	慢,不均匀	正常,大声哭
肌肉弹性	无力软弱	软弱,无活力	强,积极活动
肤色	身体苍白或蓝	身体粉红末端发蓝	全身粉红
应激反射	无反射	抽搐,表示痛苦	咳嗽,喷嚏,喊叫

由于产道比较小,压迫胎儿的血液循环,分娩过程中的缺氧会导致大脑受损,以后有学习困难和其他行为问题。健康胎儿的分娩是短暂的(不超过 3 分钟),所以不会造成缺氧的伤害。然而如果怀孕时发育条件不好,早产或者肺功能不全者可能产程较长而导致缺氧,对大脑细胞造成伤害。

二、早产儿和体重过轻婴儿的发展

一般的早产儿是指时间未到就提前出生了。但在西方国家另一种情况也算早产,那就是出生时体重过轻。这是威胁胎儿健康的另一个主要的常见问题。世界卫生组织对出生体重过轻的定义是出生时婴儿体重不足 2500 克。出生体重过轻的原因可能是出生前或怀孕期间的多种因素所造成。一般新生儿的身高为 50 厘米,体重 3200 克。男孩这些指标稍高于女孩。在均数附近都属正常。如果一个新生儿的体重低于 2500 克可以说他是早产，因为受孕的准确时间是无法知道的，所以完全可以把那些尽管时间已到，但体重过轻的新生儿也算作是早产的。实际上对这类儿童称为体过轻新生儿更确切些。至少他们出生前的发展比较慢，原因可能有多种，如胎盘的机能不够充分，子宫内的环境不良或者儿童有先天的疾病等。

一般来说一个新生儿在母腹中待的时间越短，出生时的体重就越轻。那就应被视为"危险"。因为胎儿发育的最后两个月体重增加近一倍。因而早产儿一般会体重过低。尽管现代医学非常发达，即使 26 周的孩子体重在 1000 克以下的生下来也能使他存活，但死亡率也很高，因为新生儿的呼吸机能尚未充分发育好，另外缺乏体温调节的机能，皮肤很薄，脂肪层不足以隔绝身体与外界的气温，所以体重太轻的婴儿甚至无力吸吮。

出生时体重过轻会否对以后的发展造成不利的影响？由于这些新生儿中枢神经系统尚未发育成熟，许多反射都没有。即使低出生体重婴儿能活下来，仍然存在其他问题，如他们需要经常去看医生，不论是笑、抓握、与人交流等发展都比同龄的孩子缓慢。出生几个月后可能会表现出认知发展的短期或长期困难。除了身体的症状以外，他们将来更可能出现学习困难等问题。这方面有一项研究，这项研究追踪了 1955 年在夏威夷一个叫 Kanai 的岛上出生的儿童长达 10 年之久，直到他们进入青春期。那些早产儿或者是时间不够或者是在怀孕期发育不足。当这些儿童 10 岁时，34% 的人有某种障碍。

通常这类早产儿出生后要先放进暖箱里。暖箱是模拟子宫的环境，等于是延长了他的孕育期。但在暖箱中的孩子接触到的刺激不如在母腹中。此外社会性接触不仅受限制，而且质量也大大降低了。这往往对以后的发展产生不良影响。所以对暖箱里的孩子不要一放进去就完事了，使他活下来只是达到目标的第一步，下一步是要使他像正常儿童一样地发展。暖箱里的孩子生活很单调。一般胎儿在母腹中会在羊水中来回运动。他能听到各种声音，如母亲的心跳声和她的说话声。那么是否也应该向暖箱里的孩子提供此类刺激呢？如模拟心跳的声音。是否可以做一个像水床一样的暖箱，使早产儿能在上面晃动，护士要定期把婴儿拿出暖箱，让他体验运动，和他说话，每天有 30—45 分钟去抚摸、接触他，让他的手和腿适当地活动一下。这种刺激并不是立即显现其作用的，但最迟 4 个星期以后经过这样照料的早产儿在反射行为、运动发展和体重增加方面都有明显的改善，甚至还能阻止这种儿童的死亡，出院的时间也会提前。

据观察，一般早产儿得到母亲抚摸、接触的机会很少，抱着他时也离自己身体远远的，对他笑得也较少，因为他太小。但这种行为应该改变。据心理学家观察，在正常出生和正常体重的孩子那儿，母亲很少有这些行为，所以早产儿也要得到相同的待遇，否则也会造成以后发展的不利。要让父母树立自信，传授给他们一定的知识，让他们知道自己的孩子有能力，早晚会正常发展。

第五章 摇篮里的怀疑与信任
——婴儿心理发展

婴儿期是人生发展的初期。在这一时期，人的心理发展的基本特点是各个方面都还处在初步形成阶段，其主要任务为动作、语言、认知和情绪的发展。作为评估婴儿心理是否健康的标准，自然也应该充分反映这一特点。由于婴儿的语言和自我感知能力还处在形成当中，他们不能有效地描述自己的内心体验，因此，对婴儿的心理健康测量最好通过父母或者照看者来实施；其测量标准，通常也应该从统计的角度来确立。也就是说，判断一个婴儿的心理是否健康，是看他能否达到大多数婴儿相应年龄段所具有的那种心理发展水平。

第一节 婴儿的生理发展

婴儿的生理发展指的是个体从母体脱离到第三年末的生长发育过程。也就是婴儿从出生到满

36个月期间的生长发育过程。

一、身体形态

1. 体重

刚出生的婴儿体重平均为 3.3 公斤，男婴稍比女婴重些。正常婴儿出生后 3—4 天内有生理性体重下降现象，10 天后恢复到出生时水平。在正常情况下，5 个月婴儿的体重会翻一倍，到 12 个月时增加 2 倍。此后速度开始缓慢，到 30 个月时，体重才达到出生时的 4 倍，大约 13 公斤左右。这说的也是种普遍现象，但对于发育特别良好或者是早产儿、双胞胎来说，这个数字就相对不够准确。

推算婴儿体重正常值的公式为：

1—6 个月期间：体重（克）= 出生体重 + 月龄 × 600

7—12 个月期间：体重（克）= 出生体重 + 月龄 × 500

1 岁以后：体重（克）= 出生体重 + 月龄 × 2

2. 身高

足月新生儿的平均身高约为 50 厘米左右，男婴要比女婴略高一些。婴儿身高第一年内增长 25 厘米，第二年内增长 10 厘米。

3. 胸围

胸围是指婴儿全胸周围的度量，能反映婴儿身体形态与呼吸器官发育状况。刚出生的婴儿胸围比头围小 1—2 厘米，到 18 个月时超过头围，其后的发展逐渐变大。

二、脑的发育

婴儿出生时只有先天的反射，只有脑干功能是完备的。神经细胞发达起来后，才会完全地传递大脑的命令，才会许多复杂的肌肉控制技巧,这样当大脑命令右手去搔鼻子,才不会变成踢左脚。一般的讲,左脑控制身体右侧的感觉和运动的同时也承担言语功能,所以可称为说话脑;相反的,右脑控制的是身体左侧的感觉和运动的同时也与音乐、绘画等有关,所以也可叫做思维脑。因此,从小对婴儿的脑的锻炼相当重要,可从动作以及言语出发,获得开发宝宝脑智力的主动权。

三、动作的发展

婴幼儿的动作包括躯体大动作和手指精细动作。刚出生的新生儿应具有一些简单的动作反射。如当新生儿口唇触及乳头时,会吮吸塞入口中的乳头;感觉到面颊有触感时转向触接嘴角的物体;用物品刺激婴儿手心时会握紧放在手掌上的东西。满 20 天时,俯卧着的婴儿应可把头平举起来;满月时,婴儿凭借自身的力量应可移动所躺的位置;4 个月时,婴儿借助支撑应可坐 1 分钟;9 个月时,婴儿应能独自坐起来,借助支撑可站起来;10 个月时,婴儿应能用手和膝爬行;11 个月时应能独自站立;12 个月时应能由别人拉着走;13 个月时应能独立行走;18 个月时应能独自爬楼梯。到两岁时,婴儿应能从地板上拾起一个物体而不跌倒,并能奔跑和向后走。在这一系列动作的发展中,家长总是很关注宝宝们的发展情况,特别当出现了一些如吃手指的坏习惯时,很是着急。

曾经有人对 2650 个宝宝做过调查,发现其中 46%的宝宝都有吃手指头的习惯,男、女孩之间没有什么显著的差异,可见有这种习惯的孩子还不在少数。著名心理学家弗洛伊德把婴儿出生后第一年称为口腔期,是人格发展的第一个基础阶段。在该阶段如果父母能够顺其生理发展的需要，比如孩子在临睡前有吃手指头的习惯，不必太担心，等孩子一睡着，记得把手指头从他嘴里移出来，不要让他吃一整晚，以免长此以往手指变形，并试着让他抱着熊宝宝或是布娃娃睡，用这种取代的方法，慢慢地把孩子的习惯矫正过来。相反，如果父母此时强硬的制止孩子吃手，反而会给孩子心理上造成阴影，长大后容易焦虑、发脾气，对别人缺乏基本的信任和安全感。

有人认为过早断奶是造成孩子吸手指头的原因，也有人认为当孩子在六七个月大开始长牙时，吃手指头会造成暴牙，这两种说法都没有科学上的根据，通常暴牙是因为下颚形状构造有问题，而断奶的早晚与吃不吃手指头并没有太大的关系。

四、语言发展

新生儿最初的语言是哭声。在 0—3 个月时，一个新生儿应能通过哭声，向成人表达其饥饿、排泄、疼痛或身体不舒服。偶尔会出现 ei，ou 等声音，第 2 个月发出 m-ma 声，第 3 个月出现更多的元音和少量辅音，如 a，ai，e，ou，m，h 等。

大约从第 4 个月起，婴儿应开始咿呀学语，把声母和韵母连接成一串音节，并且不管其父母操的是什么语言，他们说出的似乎都可能是一种"世界通用语"，即 mama、baba、dada、gagaga 等。这个阶段父母应该多用言语来刺激孩子，以便孩子来模仿发音，而且对婴儿发出的每一个音，如果成人都报以微笑，爱抚和强化、鼓励，那么婴儿在这一阶段学习语言的速度也会明显加快。这一阶段的婴儿语言发展跟他的感、知、视觉紧密相关，环境和父母的引导程度对婴儿言语能力的培养至关重要。

到接近第 12 个月时，婴儿能够正确模仿成人的发音。因此，多给予鼓励，多与孩子交流，更能促进婴儿语言能力不断的发展。同时婴儿一般应可理解性地使用"妈妈"——一个含义丰富的词，同时也是句子。到 18 个月左右，婴儿应能说出双词句，如"妈妈水"、"吃蛋蛋"等。

从第 18 个月到 24 个月，婴儿的语言表达能力应有迅速的发展。他们将开始使用由 3 个词或 3 个以上词组成的短语或句子。这时，他们的词汇量应从约 20 个迅速扩大到 300 个以上。就在 2—3 岁期间，应具有使用各种基本类型句子的能力，同时词汇量增加到 1000 左右。

宝宝早期语言的健康评价

2 个月：哭声分化，有应答性微笑，能发"咿"、"呀"、"呜"等单个元音。

3 个月：自发"咕咕"声。

4 个月：应答性发声。

5 个月：发"ah—ge"、"ah—goo"、"哑"音。

6—7 个月：唇辅音加 a 或双元音，如"ma ba ai"。

8 个月：能发"ma ma"、"ba ba"音，并能单独鉴别问句与叙述句的语调。

10 个月：会学成人的发音。

12 个月：叫"妈妈、爸爸"，会说一个字的音，如"拿"、"好"等。能听懂伴有手势的吩咐，如挥手再见。

15 个月：用手势表达需要，开始说没有语法，别人听不懂的话。

18个月：能指出自己及亲人的眼、鼻、口、头、发、手、脚等。最少能指出碗、匙三件中的一件。

21个月：说出碗、鞋、袜三件中的一件。

2岁：说"我的"、"我"，会说有主语及谓语的字句。至少说出碗、鞋、袜、帽、剪刀、车六件中的三件。

2.5岁：懂得"大"和"小"的含义，说出自己的姓名。

3岁：懂得"里面"、"上边"、"旁边"等介词的意义，复读三位数。

第二节 婴儿的心理发展

婴儿期是否也要注意其心理健康呢？答案是肯定的。更多的心理问题是先天带来的，主要是神经发育方面的偏差。其他方面由于孩子的行为很少有社会性，他的一切行为都不能作为问题，就是说正常的孩子在一岁前没有心理问题。但很多理论认为成人以后的心理问题都是在很小的时候就有的，这主要与一些失败和痛苦的经历有关。相关的研究很多很细，如训练大小便的不同时间和进展也会影响以后孩子的心理发展水平，会被分成几种个性类型，类似这类研究很多。但我们如果科学地看待这个问题，就未必是这样的。对于家庭来说应该坚信一岁前所有的教育措施对孩子的心理发展没有不良影响，我们不应该相信有些说法，因为一些危言耸听的说法对家庭教育没有任何好处。如孩子现在可能对小便比较感兴趣，他撒尿以后会用脚踩，用手摸，这种行为对具有某种观念的心理学家来说是有严重疾患的前兆，你相信了，你就会对孩子失去了信心，怎么做都感到做不好，怎么看孩子都有心理问题，每天的心理内容就是期盼着孩子发生那些变态行为，这样说比较极端，但效果很可能就是这样。

一、气质宝宝

气质是婴儿出生后最早表现出来的一种较为明显而稳定的个人特征，也就是宝宝最早表现出的能够被最先观察到的个性特点。

关于婴儿气质的研究有很多，这里比较倾向于托马斯—切斯婴儿气质类型说。

1. 容易型

大部分婴儿属于这一类型，约占所有研究对象的40%。这类婴儿的吃、喝、睡等生理机能有规律，节奏明显，对新事物、新环境接受快，也容易接受不熟悉的人。这类婴儿情绪一般积极愉快、爱玩，对承认的交往行为反应积极。所以他们容易受到成人最大的关怀。也正是这种较为积极的气质，得到更多成人的喜爱，所以他们的心理发展较为健康，得到了一个良性循环的过程。

2. 困难型

这一类婴儿人数较少，约占研究人数的10%。他们的突出特点是时常大哭大闹，烦躁易怒，爱发脾气，接受新事物、新环境很慢，需要很长的时间。情绪不好，在游戏中时常不愉快，成人需要花费很大的工夫才能使他们接受抚爱，并很难得到他们正面的反馈。由于照顾这类孩子相对困难，因此更需要成人有足够的耐心和宽容。和容易型相反的困难型婴儿具有一般成人较为头疼的气质，所以在被照顾的同时会有被放纵或者疏忽的地方，从而形成一种不太好的恶性循环，久之会成为心理问题。

3. 迟缓型

在研究人数中15%的婴儿属于迟缓型，他们的活动水平低，行为反应强度很弱，情绪表现消极、不愉快，但他们常常不会大声哭闹，而是很安静，情绪低落。他们逃避新事物、新环境，但在没有压力的情况下，他们会对新刺激缓慢地发生兴趣。这一类婴儿随着年龄的增长，随成人抚爱和教育情况不同而发生分化。这种带有天生性质的迟缓型婴儿，成人要把握时机地给他们创造机会，通常他们是消极、被动的，所以要给他们多点鼓励，多点机会，这样他们才能够得到更为公平的发展。

托马斯—切斯婴儿气质类型

	容易型	困难型	迟缓型
活动水平	变动	变动	低于正常
规律性	非常规律	不规律	变动
注意分散程度	变动	变动	变动
接近或回避	积极接近	逃避	起初逃避
适应性	适应性强	适应性慢	适应慢
注意广度、坚持性	高或低	高或低	高或低
反映强度	中等或偏下	强	很弱
反映阈限	高或低	高或低	高或低
心境质量	积极	消极（烦躁）	消极（低落）

二、认知能力的发展

1. 婴儿感知觉的发展

（1）婴儿的视觉和听觉

一个多月时婴儿能看清眼前15—30厘米内的物体，能注视物体了。到了2个月时婴儿视觉集中的现象就越来越明显，喜欢看活动的物体和熟悉的大人的脸。3个月时能固定视物，看清大约75厘米远的物体，视力约为0.1。注视的时间明显延长了，视线还能跟随移动的物体而移动，例如，婴儿睡在小床上，母亲从身边走过时，他的眼睛可以跟着母亲的身体转动。喜欢看自己的手。婴儿在2个多月时，色觉就有了很大的发展，到了3个多月时已能辨别彩色与非彩色。婴儿对色彩有偏爱，喜欢看明亮鲜艳的颜色，尤其是红色，不喜欢看暗淡的颜色。他们偏爱的颜色依次为红、黄、绿、橙、蓝等，所以我们经常要用红色的玩具来逗引孩子也正是这个道理。

在听觉方面，满月后的婴儿听力有了很大的提高，对成人的说话声音能做出反应。到了2个月时，婴儿喜欢听成人对他说话，并能表现出愉快的情绪，能安静地听轻快柔和的音乐。3个多月时，听力又有了明显发展，在听到声音以后，能将头转向声源，这个反应可以用来检查婴儿听觉的能力。当听到成人与他说话时，他会发出咿呀声或报以微笑来表示应答。

(2) 婴儿的嗅觉、味觉和触觉

新生儿能够对各种气味作出相应的典型反应，还能够由嗅觉建立食物性条件反射，并有初步的嗅觉空间定位能力。比如他闻到"喜爱"好闻的气味，他会表现出高兴的样子，并能够知道是从哪里传出来的。婴儿的味觉在出生时已发育得相当完好，明显偏爱甜食，且对酸、甜、苦和白水的面部表情明显不同。新生儿能凭口腔触觉辨别软硬不同的乳头，4个月时则能同时辨别不同形状和软硬程度的乳头，并且同时具有成熟的够物行为，视触协调能力发展起来。

婴儿也会察言观色

随着婴儿与亲人感情的交流,婴儿3个月以后就开始认人了,他最早认出的人就是自己的妈妈。这时,不论是静止的物体还是运动的物体,他都能聚精会神地看很长时间。

三四个月的孩子在大人跟他说话时,就会高兴,就会笑。

6个月的孩子开始分得出谁是家里人,谁是外人。这时,孩子看运动着的物体,最长时间可达7分钟(平均1分钟),而看活动的人,时间可长达13分钟(平均3分钟)。

五六个月的孩子则会"察言观色",根据大人对他喜欢的程度,或对你笑,或转过头去不予理睬,或放声大哭。这时,孩子对母亲和照护他的人的依恋情感不断增强,每当见到他们时,孩子的喜悦会表现得越来越明显。

8个月的孩子就可以和成年人共同完成一些早期游戏了。当然,其中的乐趣,一开始是来自成年人,后来才是游戏本身。

到了快1岁的时候,纯感情上的交流已经不能使孩子得到满足了。成年人与孩子的共同活动起着越来越大的作用。这时,成年人可以教孩子许多东西。到婴儿期结束时,这种模仿能力能够看得很清楚。

大人除了要满足孩子交往的需要,除了要教孩子摆弄东西,还要善于评价孩子的行为。对他满意时,可以冲他微笑,抚摸他的头。对他不满意时,可以冲他皱起眉头或用手指指他。

孩子逐渐习惯了这种管理方式,我们就可帮助孩子培养良好的行为习惯,克服不良的行为习惯。

随着年龄的增长,孩子需要更深入地与成年人交流,而以上交流方式已经不能满足孩子的需要了。解决这个矛盾就要靠言语的交流，孩子要听懂大人的语言，自己要掌握语言。语言的交流方式不是一下子能够形成的，要靠整个婴儿期不断地积累。

2. 婴儿的学习发展

新生儿的学习只局限在一些条件反射上，如巴宾斯基反射，即当婴儿的脚底受到轻轻拍击时，大脚趾伸展，其他脚趾呈扇形展开。到了4个月左右，婴儿应表现出越来越"聪明"的行为。他应该会对一切人，甚至对物体发出微笑；能把来自不同感官的信息结合起来，如把愉快的脸和愉快的声音联系起来，把愤怒的脸同愤怒的声音联系起来。在出生后7—12个月之间，婴儿应能认识他们以前看见过的刺激，即记忆的形成，从而能意识到在物体和人的世界之外，存在一种独立分离的现象，如物体和人会消失不见，又会重新出现。

到两岁的时候，婴儿应能以心理意象的形式来描绘出自己的体验。例如，当通向某一目标的道路受阻或改变了，婴儿就会去寻找新的路线。这是一种心理符号的控制和理解活动，它使得幼儿能以可预见的、一致的、可调节的，甚至是反射的方法来做出行动。用儿童心理学家皮亚杰的理论来解释，这就是前概念思维。前概念思维发展到一定水平的时候（大约在2—4岁之间），通过同化与顺应的作用，婴儿直觉思维便会接着发展起来。

3. 婴儿的记忆

同成年人一样，婴儿也具有两种记忆：短时记忆和长时记忆。但是，他们这两种类型的记忆的运作方式会同成年人一样吗？以短时记忆为例，比如你合上电话本，凭着刚才

第五章 摇篮里的怀疑与信任——婴儿心理发展

看到的、在脑子里停留了几秒钟的电话号码拨号,你刚刚拨完最后一个号码,就可能忘记了你刚刚拨过的号码了。不要指望这种短时记忆,它本来就是要忘记的。根据专家的研究,一次听到或者读到的东西,成年人的短时记忆只能记住7个字或者单位(句子或谚语),记忆只能延续5—15秒。在婴儿身上会是怎样的呢?长期以来,人们一直认为婴儿的短时记忆是不行的。事实上,婴儿的短时记忆也不错,也能达到成年人短时记忆的广度——7,但是,这里指的是7个音节。很可能是由于婴儿不懂得字的含义,因此他不能记住整个字,而是把字分解成音节,就如同成年人听外语,很可能他只记住一连串的语音,而不是整个词。

科学家们发现了一个有趣的现象(婴儿不一定感到有趣),让新生儿听一系列毫无意义的声音,反复听了几个小时。24小时以后,科学家们再放出同样的声音。尽管已经过去了24小时,有些小听众,其中有的只出生2天,却完全记起了这种冗长和枯燥的声音,表现出激怒的样子,清楚地表示他们一点也不想再听到同样的声音了。最新的研究表明,婴儿的长时记忆能够延续1个月。这已经是非常好的长时记忆了,但是这个最新的研究还需要得到进一步的证实。

更有实验证明了婴儿的能力:研究人员在婴儿的脚上拴上带子,带子带动着一个活动玩具。几分钟后,小机灵鬼们就知道了,通过晃动自己的脚,就能带着神奇的玩具动。几天之后,同样的婴儿被放在同样的活动玩具前,但是这次没有给他们脚上拴带子。两分钟后,他们开始活动自己的脚,完全记住了接下来的步骤——怎样让玩具活动起来。这种程序记忆很有效,但是也很有限。事实上,只要你稍微改变婴儿环境中的小细节,比如,改变摇篮里的颜色或者活动玩具的外形,他就什么也记不住了。

三、社会性的发展

通过学习社会生存所需的知识、技能和社会规范,发展自己的社会性,以取得社会生活的资格。人的这种社会化过程既是儿童通过加入社会环境、社会关系系统的途径以掌握社会经验的过程,同时也是他们对社会关系系统的积极再现的过程。社会化是贯通人的一生的连续过程。

人在婴幼儿期,需要获得吸引父母注意力的社会生活方式;对同辈和成年人表达自己的情绪情感——这种个人需要是否获得满足的体验,包括积极的情绪情感和消极的情绪情感,如喜、怒、哀、乐等;带领、跟随同辈人,与他们合作和竞争;对成就有自豪感;从事角色扮演等活动。

1. 微笑

婴儿在出生后的 1 个月内就能对说话声有反应,对人脸特别注意。到 2 个月左右,婴儿开始对人发出社会性微笑,此时,婴儿如果听到大人的声音或看见大人的动作表情,婴儿会特别高兴,会不断地微笑。他的这种笑渐渐会从原来的无意识状态变成有意识的行为,但这种笑只能保持 3—4 个月。到第 4 个月时应能产生认生感,即对陌生人产生恐惧。

2. 怕生

通常 5—7 个月大的婴儿会对陌生人产生"害怕"或"害羞"的情绪。这是一种极为自然的现象,是孩子对事物的永久性概念的形成所导致的。所谓事物的永久性概念,是指明确知道某种事物的存在,无论其是否能为人所见到。这个年龄段的幼儿有时会躲在父亲或母亲身边,不愿让陌生人抱碰她。怕生现象会一直延续到蹒跚学步的年龄，通常在两岁后消失。帮助孩子摆脱这种情绪的最佳办法是让她在新环境中放松，不要勉强她接近尚未熟悉的人。这段时期，父母和看护者一定要有耐心。怕生是很普遍的现象，这恰恰说明了孩子对其主要看护者的深深依恋。

3. 依恋

半年后，婴儿应能明显地显示出依恋环境中特定人物的迹象，其首要的依恋目标通常是照料他的母亲。婴儿对母亲的依恋到满1岁时将达到第1个高峰，这个时候母亲的出现会给婴儿带来很大的安全感。与此同时，父亲如果亲近婴儿，关注婴儿发出的信号并给予照料，婴儿对父亲的依恋感也应能牢固地建立起来。法国心理学A·瓦隆指出："儿童对人们的依恋心是发展儿童个性极端必需的。如果儿童没有这种依恋心，就可能成为恐惧和惊慌体验的牺牲品，或者将产生精神萎缩现象，这种现象的痕迹可以保留一生，并影响到儿童的爱好和意志。"到2岁时，儿童有违拗、违抗照看者要求和指挥别人的现象发生，其情绪表达形式应表现出多样化，并且能够学会关心和爱护其他儿童，开展社会性游戏活动，具有移情能力。

4. 同伴交往的发展

当婴儿以玩具或物品为中心的时候，他们通常是互不理睬的，只有极为短暂的接触，如对同伴笑一笑，抓抓同伴等。在这个阶段，大部分社会行为是单方面的发起，一个婴儿的社交行为往往不能引发另一个婴儿的反应。随后进入下一个阶段——简单交往阶段。婴儿在进行独立活动的同时，留意周围环境，以便获取同伴的信息，并观察或模仿同伴的行为。婴儿同伴间的行为趋于互补，相互影响的持续时间更长，出现了更多更复杂的社交行为，相互间模仿已较为普遍，婴儿不仅能较好地控制自己的行为，而且还可以与同伴开展需要合作的游戏。研究发现16—18个月是婴儿交往能力发展的转折点，之后婴儿的社会性游戏迅速增长，2岁左右时，他们的伙伴经常是同伴，而不是母亲了。

宝宝刚出生就会交朋友

0—12个月：我喜欢默默地注视你

当宝宝还没准备好与隔壁的孩子成为好朋友时，他其实早已经意识到其他孩子的存在。约3个月大的小宝宝就喜欢彼此对看，互相微笑，好像面前是一件心爱的玩具，而且他们甚至会对镜子中的自己着迷呢！他们喜欢静静地观察其他的宝宝，然后还想要碰碰他。如果一个宝宝哭了，另一个宝宝会好奇而疑惑地看着他，她可能在想："咦！他肚子饿了吗？为什么哭呀？"如果妈妈对正在哭的宝宝说："你看，妹妹在看着你呢！"结果往往是哭的宝宝立刻停止了哭闹。

1—2岁：我喜欢这样跟着你

1岁以后，会坐会爬的宝宝，活动能力加强，他的"领地"从家里向外扩张。这时，他们像大人那样，开始寻找与自己有相似之处的人交朋友。一个12个月大的宝宝，如果想和另一个拿着玩具小车和红皮球的宝宝交朋友，一个简单的办法就是也拿一个玩具小车和一只红皮球。这是这个年龄宝宝的表达方式——"我喜欢你，我们有很多相同之处呢。"

当然，不是所有的宝宝都用模仿别人的方式来交朋友。有的宝宝会爬向其他宝宝，盯着他，碰碰他，发出怪声，甚至打他一巴掌。这是宝宝的另一种表达方式——"注意我！我对你很感兴趣哦。"

当看到一个自己喜欢的小朋友时，宝宝的眼睛会放光，行为也随之发生变化。大孩子会用嘴巴说，而小宝宝则是用整个身体传达自己的兴奋。他们扭动着身子，伸出手臂，手舞足蹈，再也不肯安静下来。

2—3岁：陪我一起玩吧

2岁的宝宝正在发展"自我"概念——"'我的'就是我拥有的，我曾经有的，和我想要的"，所以如果游戏时宝宝常常会与别人争夺玩具，父母不必为此担忧。冲突对于这个年龄的孩子是非常正常的，从成人的视角，我们觉得这是自私、吝啬，而对于2岁宝宝来说，对玩具的激烈争夺只不过是社交的一种方式。

四、情绪宝宝

情绪特征是性格结构的重要组成部分，婴儿在不断重复的情境中，经常体验着同一情绪状态，由此稳定，成为一种性格特征。许多性格，如开朗、活泼、粗暴等都与情绪状态有着密切的关系。因此着重关注婴儿的情绪，对其生理与心理发展都有着重要的作用。

有这样一个实验，讲的是西欧的普鲁士有一个君主，他很想知道人类最初的语言是什么。于是他想：如果找到一批婴儿来养着，规定任何人不得跟他们说话，也许能知道人类最初的语言是什么。他对那些抚育婴儿的妈妈和护士下令，只许给婴儿喂奶、洗澡，绝对不准和婴儿说话。他认为这样一来，等婴儿说话的时候，一定会从嘴里说出希伯来语、拉丁语或希腊语来。这样，就能知道人类最初的语言是什么了。但是这个君王没有得到他想得到的结果，却得到了一个很悲惨的结局：这些婴儿都死了。这个实验告诉我们：快乐的情绪也是婴儿生存的重要条件之一，如果婴儿只有生理上的照顾，而缺乏情绪和交流，那结果是显而易见。

另外有人曾对宝宝的行为做过长期的实验，把一个每天生活得多姿多彩且有良好情绪的宝宝和另一个在单调无聊的生活中成长起来的宝宝作比较，明显地看出：前者的反应比后者灵敏，而且这个宝宝在以后的教育中也显示出很大的优势。从这个实验可以看出：快乐的情绪体验对宝宝智力的发展、语言能力的提高都有积极的影响。

那我们该如何照顾宝宝的情绪呢？

多抱抱宝宝 父母亲要多抱一抱宝宝，让宝宝通过与母亲肌肤的接触知道自己是被疼爱的，这对婴儿来说非常重要。因为婴儿除了营养上的需要之外，还有精神上的需要。宝宝在妈妈那温暖的怀抱中，会感到妈妈的爱护和关怀，他会凝视着妈妈的脸，看着妈妈的口形，听着妈妈那亲切的声音。肌肤亲情能够满足宝宝的精神需要，也是帮助宝宝发展情绪与人际的重点，爸爸、妈妈的怀抱越温暖、亲密，宝宝的情绪就越稳定、有自信，所以父母们千万别忽视。

多关心宝宝的哭 宝宝生下来就会哭。哭是婴儿与外界沟通的第一种方式。通过婴儿的哭泣，妈妈可以知道：宝宝是饥饿，疼痛，不舒服，大小便了，还是感到寂寞了。半岁的宝宝只有用哭来表达他的需要和请求，如果您不关心宝宝的哭，他会感到很无助。时间一长就会变得悲观消极，并且不再为达到某一目的而想方设法去表达自己的想法。这势必会影响到宝宝语言的发展。所以父母要多关心宝宝的哭，努力去理解宝宝哭的含义。当宝宝哭了，爸爸妈妈可以以关心的口吻对宝宝说：是不是尿裤子了？宝宝是不是想说话？并及时解决他的困难。如果是宝宝感到寂寞了，就要哄哄他，念儿歌或唱歌给他听，或者和他做游戏，让他体验到快乐。

让宝宝有安全感 有的父母为了培养宝宝的独立性，宝宝一出生就让他离开父母单独睡。一些研究人员认为：要想培养宝宝的独立性，最重要的是要让宝宝的情绪稳定，情绪一旦稳定了，自然而然就会产生独立性。如果让宝宝从小离开母亲，在他需要听到母亲的声音、嗅到母亲身上的气味、得到母亲的精心照料时，却得不到应该得到的满足，宝宝就会产生不安全感。同时还会影响他们的情绪，自然就不会增强他的独立性。所以，在宝宝6个月之前，妈妈最好能在宝宝身边睡，适时地拍拍、哄哄、抱抱他，或者唱一首摇篮曲，让宝宝心满意足地安然入睡。

英国最近一份研究报告显示，4个月大的婴儿已经具有嫉妒心了。负责研究的里卡尔多博士对24名婴儿进行跟踪调查，发现其中3名婴儿看到自己的妈妈在与别人闲谈时有不安和哭泣现象；当妈妈抱起别人的孩子时，有13名婴儿哭了起来，其余婴儿也都表现出不同程度的嫉妒情绪。这一发现给婴儿生活完全无忧无虑的结论带来了冲击。

第六章 主动接触奇妙的世界

——幼儿期儿童心理的发展

儿童从三岁到六七岁这一时期，又称学前期。通过本部分的学习，应在了解幼儿生理尤其是神经系统发展情况的基础上，掌握作为幼儿期主导活动的游戏的发展特征，了解幼儿言语能力的发展和记忆、认知等认知能力的发展规律，认识幼儿期个性的初步形成和社会性的进一步发展。

在整个幼儿期，儿童的心理发展具有以下两个特点：

第一，各种心理过程带有明显的具体形象性和不随意性，抽象概括性和随意性只是刚刚开始发展。

幼儿由于知识经验的贫乏以及言语发展的不充分，因而，主要是通过感知、依靠直观表象来认识外界事物的。虽然幼儿也在不断地形成一般表象和初级的概念，他们已能对事物进行初步的分析、综合、抽象、概括，有了初步的逻辑思维，但是幼儿这时的逻辑思维水平是很低的，还不能摆脱知觉印象束缚，具有很大的直观形象性。例如，幼儿一般不能给事物下抽象的定义，而只能下功用性的定义；幼儿掌握数概念和进行计算，都需要直观形象或表象的支持等。

也正是由于知识经验的贫乏和言语的不够发展，幼儿还不能经常有意地控制和调节自己的行动，各种心理活动都带有很大的不随意性。幼儿常常受外界事物的影响而改变自己活动的方向。其心理活动和行为表现出很大的不稳定性。当然，在整个幼儿期内，在教育的影响下，这种特点正在逐渐发生改变，幼儿心理活动的随意性和稳定性也在不断增长。

第二，幼儿期是个性开始形成的时期。

个性是一个人比较稳定的、具有倾向性的各种心理特点或品质的独特结合。个性是在个体各种心理过程、各种心理成分发生发展的基础上形成的。两岁前，由于儿童心理过程还没有完全发展起来，不可能组成有机的心理活动系统，因而个性不可能发生。两岁左右，儿童心理的各成分已经出现，但这时儿童的心理活动还是零散的、片段的，还没有形成有稳定的倾向性的个性系统，而到幼儿期，个性的各种结构成分，特别是自我意识和性格、能力等个性心理特征已经初步发展起来，有稳定的倾向性的各种心理活动已经开始结合成整体，形成了个人独特的个性雏形，虽然一个人个性的形成和发展过程是漫长的，幼儿的个性也比较容易改变，但是在幼儿期开始形成的个性雏形在一个人的一生中却具有重要的作用。

第一节 幼儿记忆的发展

幼儿记忆的发展 (Memory Development of Preschool Children)。

记忆是过去经验在人脑中的反映，包括识记，保持、再认和回忆等基本环节。随着年龄的增长，幼儿的活动范围不断扩大，活动内容不断丰富、复杂，言语调节功能不断增强。在正确教育下，幼儿的记忆在数量方面和质量方面都迅速发展。

一、幼儿记忆目的性的发展

幼儿还不善于给自己提出识记的目的，不善于有意地去完成识记任务，整个幼儿期都以无意识记为主。由于言语对幼儿行为调节作用的增强，在游戏、学习、劳动等活动中，成人向幼儿提出了识记、再现的要求，使幼儿的有意识记开始发展。无意识记和有意识记的效果都随年龄增长而提高，两种识记效果间的差别随年龄增长而缩小。幼儿晚期有意识记有较快发展，但效果仍不如无意识记。

研究发现，活动的性质和动机对幼儿识记的有意性、积极性有很大影响。由于幼儿对游戏有浓厚的兴趣，幼儿在游戏条件下有意识记的效果超过在实验室条件下的识记效果。而在完成自己感到迫切需要完成的现实生活中的实验任务时，幼儿有意识记的效果更好。

二、幼儿记忆广度的发展

记忆广度是指材料一次呈现后能正确复现的数量。幼儿随年龄增长，在单位时间内记住材料的数量不断增加。A·Z·盖茨和 G·A·泰罗用数字测量不同年龄儿童的记忆广度，发现 3 岁儿童仅为 3，4—5 岁为 4，7 岁时达到 5。我国洪德厚等人的实验结果也证明幼儿记忆广度随年龄增长而扩大。

三、幼儿记忆内容的发展

对物体、图像等具体事物的记忆是具体形象记忆，对语词、文字、符号等抽象材料的记忆是词的抽象记忆，也称逻辑性记忆。由于幼儿言语系统的作用还不占优势，因此，幼儿的记忆具有明显的直观形象性，形象记忆的效果优于词的抽象记忆效果。两种记忆能力都随年龄增长而提高，但语词记忆能力提高更快。两种记忆效果的差别随年龄增长而逐渐缩小。

四、幼儿记忆方法的发展

机械识记是根据材料的外部联系，采用重复背诵的方式进行的识记。意义识记是在对材料理解的基础上，运用有关经验进行的识记。幼儿由于知识经验贫乏，理解能力差，缺乏足够量的词汇，常常只能记住事物的表面特征和外部联系，逐字句重复的机械识记多于意义识记。在识记与经验有关的熟悉的材料时，幼儿也常运用意义识记。4—5岁儿童在复述童话故事时，不仅能再现基本事件，而且力图表达某些细节。随着年龄增长，幼儿意义识记不断增加，机械识记相对减少。意义识记和机构识记的效果都随年龄增长而提高，但意义识记的效果总是优于机构识记。让幼儿识记两类图片，一类是熟悉物体的图形，另一类是叫不出名称的不规则图形。结果表明，幼儿对第一类图片的正确再现率明显高于第二类。

幼儿机械识记和意义识记是相互渗透、相互联系的，两类识记在幼儿记忆中都有重要意义。教师、家长在培养指导幼儿意义识记时,也要重视机械识记的作用,运用适当的方法,帮助幼儿在理解的基础上进行机械识记。

利用中介物帮助记忆是一种间接的意义识记方法,可以大大提高记忆效果。利用语言作为中介物来识记学习材料是有效的记忆策略。J·W·哈根和 P·R·金斯莱的研究发现,不同年龄的儿童利用语言作为中介的能力是有差别的。4—5岁幼儿还不能利用语词作为记忆的中介物,即告诉幼儿用语词帮助记忆,仍不能见效,这种现象叫"中介缺失"。6—7岁儿童虽不会主动利用语词作为记忆的中介物,但只要有人提醒他们利用语词作为中介物帮助记忆时,记忆效果会迅速提高,这种现象称"说出缺失"。

五、幼儿记忆的保持和恢复

1. 记忆持久性和准确性的发展。记忆保持时间是指从识记材料开始到能对材料再认或再现之间的间隔时间,也称潜伏期。幼儿再认潜伏期和再现潜伏期都随年龄增长而增长。幼儿神经系统具有极大的可塑性,在语词的影响下,一般2—3次结合就可形成短暂联系,但形成的神经联系又极不稳定,所以,幼儿的记忆具有易记易忘的特点,持久性差。随神经系统稳定性加强,幼儿识记材料的保持时间不断增加。研究发现,3岁儿童可再认几个月前感知过的事物,再现几个星期前的事。幼儿晚期,儿童记忆的持久性有相当的发展,可以再认两三年前感知过的事物,有些甚至能终生不忘。幼儿的知识经验,对识记材料的感知、理解程度,幼儿识记材料时的情绪状态,对识记材料的兴趣,是影响记忆等外性的主要因素。

幼儿记忆的精确性较差，表现在：(1) 记忆不完整。幼儿对感知材料的精细分化还有困难，常常记住了偶然的、感兴趣的、富有吸引力的内容，而遗漏了最主要、最本质的东西。回忆时经常出现脱节、漏词、颠倒或混淆相似材料的现象。有关实验表明，小班儿童记忆句子时完整性仅占26%，中班儿童占43%，大班儿童占60%。(2) 记忆易混淆。幼儿记忆受主观情绪影响，容易把记忆内容与主观想象的东西混为一谈，出现歪曲事实的现象，常被成人误解为故意撒谎。(3) 记忆易受暗示。由于幼儿对感知过的材料记忆不够精确，让幼儿复述图画内容时，如果成人用肯定的形式提出问题，幼儿会说出图画上根本没有的东西。

2. 记忆恢复现象。记忆恢复是指在一定条件下，学习某种材料后延缓回忆比识记后立即回忆的量更多一些的记忆现象，1913年由美国心理学家P·B·巴拉德首先发现。国内外有关研究证明，幼儿期儿童存在明显的记忆恢复现象，前苏联克拉西尔希科娃的实验发现，幼儿记忆恢复量占记忆总量的85.7%。我国洪德厚等人的实验也表明年幼儿童记忆恢复现象最为显著。可见，幼儿的大脑并不是消极地再现识记材料，而是积极主动加工的过程。记忆恢复现象是在对材料理解的基础上发生的，学习较难的材料比学习较易的材料表现更为明显；学习程度较低时比学习纯熟时更易出现。记忆恢复的内容大部分处于学习材料的中间部位。

六、幼儿元记忆的发展

元记忆是指儿童对自己或他人记忆方面的认识和记忆活动的控制，是影响记忆操作的因素之一。

儿童元记忆水平是随年龄增长而提高的，针对不同性质的材料选择最有效的记忆策略是儿童元记忆发展的重要标志之一。研究表明，幼儿以无意记忆为主，对自己记忆的目的任务不明确，还不会有意识地选择记忆策略，而较多地使用外在记忆策略（由别人帮助或采用具体记号）。幼儿不会正确估价自己的记忆能力，而且对自己记忆成绩的评价往往是笼统的，有明显的主观情绪性。5—6岁儿童常高估自己的记忆能力，只有30%的幼儿认为他们不会忘记所记的东西与他们真正的记忆成绩一致。随着年龄的增长，幼儿的记忆在量和质的方面都有发展，但一直要到进入小学，儿童开始有目的的学习，在教育的影响下，元记忆能力才有较明显的发展变化。

第二节 幼儿思维的发展

幼儿思维的发展（Thinking Development of Preschool Children）。思维是人对事物的本质属性或内在联系的间接、概括的反映，是认识活动的高级阶段。随着年龄的增长、游戏、最初形态的学习、劳动成为幼儿的三种基本活动形式。由于活动范围不断扩大，感性经验不断增加，言语能力不断提高，幼儿的思维已开始摆脱动作的束缚，成为独立的心理过程。

一、幼儿思维发展的一般特点

1. 直觉行动思维发生变化

3岁前儿童思维的基本特点是直觉行动性，思维是在对物体直接感知和在自身活动的过程中进行的。幼儿初期，儿童思维时还常运用这种方式，但随年龄增长，直觉行动思维不断发展，表现在思维解决的问题逐渐复杂，解决的方法逐渐概括化，言语对思维的调节作用逐渐增强。在直觉行动思维的基础上，幼儿的具体形象思维形成和发展起来。

2. 具体形象思维占主导地位

幼儿中期，儿童开始摆脱对动作的依赖，而凭借具体事物的鲜明形象或表象及它们之间的联系进行思维。具体形象性是幼儿思维的主要特点，形象思维在幼儿思维中始终占优势地位。

3. 抽象逻辑思维开始萌芽

抽象逻辑思维是在感性认识基础上，运用概念，通过判断、概括，提示事物本质特征和内在联系的过程。随幼儿年龄增长，游戏、学习、劳动等活动不断向幼儿提出新的思维任务，在幼儿园教育影响下，幼儿不仅认识了个别对象，而且开始探索事物之间的关系和联系，提出各种问题，询问关于现象的起因和事物的来源。常运用分析、比较等思维过程，作出简单的判断推理，也能解决一些简单的任务，如猜谜、编故事。幼儿晚期，在知识经验所及的事物范围内，幼儿认识活动中的具体形象成分相对减少，抽象概括成分逐渐增加，开始出现抽象逻辑思维的萌芽。

有关幼儿期三种思维方式的关系和发展过程的实验研究表明，幼儿运用三种思维方式解决问题的效果都随年龄增长而提高。依靠实验动作解决问题效果最好，依靠形象次之，依靠语词效果最差。幼儿晚期才出现靠语词进行的思维方式。皮亚杰认为，幼儿期儿童开始从前概念思维向运算思维发展，但幼儿的判断仍受直觉的限制，幼儿晚期的直觉思维已开始从只注意事物变化的一个方面或一个维度向两维集中过渡，"守恒"即将形成。

二、幼儿思维形式和思维活动的发展

1. 概念的掌握

概念是在概括的基础上形成的，儿童掌握概念的特点直接受其概括水平的制约。幼儿虽能对一类事物的共同特征进行概括，但水平很不够恰当，概括的多是事物表象而非本质的特征，即反映事物共同的特征。例如，"鸟是会飞的"，"猫是会捉老鼠的"。因此，对事物的认识往往是片面的、不深刻的，概念常与具体对象联系而不能反映一类事物的一般特征。

幼儿最初掌握的大多是一些具体的实物概念和日常概念，对掌握抽象概念和科学概念感到困难。幼儿掌握数概念迟于掌握实物概念。我国的有关研究发现，幼儿数概念的发展大约经历三个阶段：① 3 岁左右是对数量的动作感知阶段，能用手点数 5 个以下实物，但很难说出所数物体的总数；② 4—5 岁是数词和物体数量间建立联系的阶段，有了最初的数群概念，点数后能说出总数；开始能做简单的实物加减运算，并出现数量的"守恒"；③ 5—7 岁是数的运算的初级阶段，从表象运算向抽象的数字运算过渡，这是儿童形成发展数要领的关键年龄。

2. 判断推理的发展

判断和推理是在概念的基础上进行的，是反映事物之间或事物与属性之间联系和关系的思维形式。幼儿由于知识贫乏，生活经验不足，往往根据事物的外部特征和表面联系进行判断推理，把直接观察到的物体间的表面现象当作因果关系，所以，判断推理的结论常常十分幼稚可笑。国内外研究表明，随着认识过程不断深化，在正确教育影响下，幼儿推理水平呈现出由低级到高级逐步发展的趋势：从反映事物的外部联系到反映事物隐蔽的内在联系；从以主观经验或情绪为依据到以客观实际为依据；从对原因未分化的笼统理解到对它们有越来越分化的说明。

我国对3—7岁儿童推理过程发展的研究（杨玉英，1983）采用四步实验法，要求儿童：① 归纳游戏规则；② 分析形成规则的机制；③ 运用规则认识具体的事物和现象；④ 运用规则解决实际问题。结果表明，3—7岁儿童的推理活动表现出四种不同水平：0级水平，儿童不能进行推理活动；Ⅰ级水平，儿童只能根据较熟悉的非本质特征进行简单的推理活动；Ⅱ级水平，儿童可在提示的条件下，运用展开的方式逐步发现事物间的本质联系，最后作出正确的结论；Ⅲ级水平，儿童可以独立而迅速地运用简约的方式进行正确的推理活动。随年龄增长，能进行推理活动的儿童的百分比有规律的增加。3岁基本不能进行推理活动；4岁推理能力开始发展；75%的5岁幼儿和全部6—7岁幼儿可以进行不同水平的推理活动。5—6岁是推理过程发展的"转折时期"，是推理过程由展开至简约的迅速转化时期。

3. 分类的发展

分类的过程也就是概念形成的过程。幼儿分类的特点反映了概念发展的特点。有关的实验研究发现，4岁幼儿基本不能对物体进行分类，不能区分物体的特点和属性，不能把具有共同特点的物体归为一类；5—6岁幼儿多数能依据事物的感知特点和情境进行分类；6—7岁幼儿开始突破具体感知和情境性的限制，能依照物体功用及内在联系进行分类，但对物体本质属性的抽象概括能力还处于初级阶段。由图2可见，5—6岁是分类活动有较大变化的年龄阶段，是从依据外部感知特点到依据内部隐蔽特点分类的转折点。

4. 理解的发展

理解是一种对事物本质的认识,是逻辑思维的基本环节。幼儿的知识经验水平和思维发展水平决定了他们的理解主要属于直接理解,是常和知觉过程融合在一起的,是过去知觉过的事物遗留印象的再现。间接的理解刚开始发展。随年龄增长,幼儿理解的发展表现出如下趋势:① 从对个别事物的理解,发展到对事物关系的理解。例如,幼儿听故事时,是由理解故事中的个别词句、情节,到理解整个故事的思想内容;② 从主要依靠具体形象或具体动作理解事物,发展到开始依靠概念理解事物。研究发现,无插图时,儿童对文艺作品的理解为100%,有插图后,3—4.5岁儿童的理解为212%,4.5—6岁为123%,6—7岁为111%。可见,随年龄增长,幼儿对直观形象的依赖性逐渐下降;③ 从对事物比较简单的、表面的理解,发展到对事物比较复杂的、深刻的理解;④ 从不理解事物的相对关系,到逐步能理解事物的辩证关系,但对幼儿知识范围外的、复杂抽象的问题仍无法理解。例如,对三个并列物体之间的左右关系的理解;对"好人"、"坏人"概念的理解,幼儿还感到困难。

三、幼儿创造性思维的萌芽

随幼儿年龄的增长,想象力的发展,幼儿晚期,在游戏、绘画、手工、编故事等活动中,已明显出现了构思新形象、寻求新方法的创新精神,这是创造性思维的萌芽。但是,由于知识经验贫乏,创造性思维往往脱离现实,不符合实际。例如,幼儿乘坐在船上,当船在河中停驶时,幼儿会说:"要是船上的人一起推,这条船就向前开了。"成人要注意保护幼儿创造性思维的积极性,不断丰富幼儿的感性知识，经常提出新的智力任务，激发幼儿思维活动的积极性，指导幼儿分析比较各种事物的特征，发现事物之间的联系，纠正幼儿思维活动中的错误，促进幼儿思维的发展。

第三节 幼儿自我意识的发展

幼儿自我意识的发展（Self-Consciousness Development of Preschool Children）。自我意识是意识的一种形式，是人对自己本身的意识。在自我意识中，反映着儿童对自己在周围环境中所处地位的理解，反映着儿童评价自己实际行动的能力和对自身内部状态的注意。幼儿期是儿童个性开始实际形成的时期，自我意识的发展是儿童个性形成的重要组成部分。随着独立活动范围扩大，认识能力提高，在教育的影响下，幼儿逐渐能把自己作为活动的主体来认识和理解，自我意识各因素（自我评价、自我体验、自我控制）都随年龄的增长而不断发展，其中自我控制的发展最为迅速。

一、幼儿自我认识的发展

3岁左右的幼儿开始出现对自己内心活动的意识，初步懂得"愿意"与"应该"的区别，"愿望"要服从"应该"。4岁幼儿开始出现对自己的认识活动和语言的意识，能根据成人的要求进行观察、记忆、思维。在与成人和同伴的交往中，幼儿开始形成对自己的某种看法，如聪明或愚笨，漂亮或难看，听话或调皮，从而产生满意、自信或自我怀疑、自卑等自我体验。幼儿正确、积极的自我认识是形成正确的自我评价的必要条件，也是推动幼儿自我调节能力发展的动力。由于幼儿的这种自我认识基本上是成人或同伴平时对其评价的翻版，因此，家长、教师必须注意对幼儿恰当的评价。既不过分夸奖、赞扬，使幼儿骄傲自大、任性，也不任意训斥、取笑，使幼儿失去自尊、自信。

儿童性别自认和性别偏好是性别意识发展的重要方面，是儿童认知发展的结果，也与教育的影响有关。不少心理学家认为，幼儿期可能存在一个性别角色的敏感期。研究发现，3岁左右的幼儿就能指出自己的性别，但这种性别意识是不稳定的，5岁幼儿才开始对性别有稳定性的认识。儿童对自己性别稳定性的认识早于对别的儿童性别稳定性的认识。从幼儿的游戏中可以看到，4岁前男女儿童不论与同性或异性玩伴都玩得十分融洽，4岁后男女儿童游戏内容开始分化，5岁分化更明显。幼儿期的女孩与男孩相比，并不十分严格地遵循适合自己性别的行为。布朗（1957）对儿童性别偏好的研究表明，从幼儿开始，男孩表现出偏爱男性的物体和职业的一致模式，而女孩在幼儿期并不表现任何性别偏爱。

二、幼儿自我评价的发展

幼儿的自我评价大约在2—3岁就开始出现，随着年龄增长，认识和情感的发展而发展，其发展趋势是：① 从轻信成人的评价到自己独立的评价，幼儿初期儿童的自我评价只是简单重复成人的评价，到幼儿晚期开始出现独立的评价，对成人的评价逐渐持批判的态度，对成人不公正的评价产生怀疑、反感，提出申辩。② 从对外间行为的评价到对内心品质的评价。幼儿的自我评价基本上停留在对自己外部行为的评价上，只有到幼儿晚期，才有少数儿童开始转向对内心品质的评价,但仍属于过渡状态。③ 从比较笼统的不分化的片面的评价到比较具体的细致的全面的评价。幼儿初期儿童往往分不清一般行为规则和证明某项活动具体标准的区别,只是从个别、局部的方面出发对自己的行为作"好"和"坏"的粗略评价。幼儿晚期儿童开始能从几个方面进行自我评价,并能说出好与坏的具体事例。④ 从带有极大主观情绪性的评价到初步较客观的评价。幼儿的自我评价常从情绪出发,尤其是幼儿初期的自我评价很少有理智的成分。幼儿一般都过高地评价自己。随着年龄的增长,自我评价渐趋客观、正确。

研究发现,幼儿自我评价效果与所评价的具体对象有关。对象越具体、简单,自我评价水平越高;活动越复杂,评价标准越难掌握,自我评价水平越低。幼儿自我评价水平也与他们对评价活动的态度有关。态度积极的,自我评价水平较高。

三、幼儿自我体验、自我控制的发展

随着年龄的增长,认识水平的提高,幼儿的自我体验由低级到高级、由简单到复杂,不断丰富,不断深化。不仅对生理需要产生自我体验,而且开始发展了社会情感的自我体验。

幼儿自我控制的发展是与意志行动的发展密切联系的。随着独立活动能力的增强,自主性的发展,幼儿初步认识了作为个体的我和我的力量,在 3 岁左右开始产生与成人消极、不合作的行为。这种"非理性的意志萌芽"或"违拗",是幼儿自我发展的表现,在 3—4 岁时达到高峰,心理学上称这个时期为"第一反抗期"。

第四节 幼儿道德发展理论

一、科尔伯格的道德发展理论（Kohlberg's Theory of Moral Development）

科尔伯格是美国当代发展心理学家，他致力于儿童道德判断力发展的研究，提出了"道德发展阶段"理论。道德发展阶段理论是以不同年龄儿童道德判断的思维结构，来划分儿童道德观念发展的阶段，强调儿童的道德发展与其年龄及认知结构的变化有很大关系。科尔伯格的道德发展理论受到瑞士儿童心理学家皮亚杰的观点影响，被称为是皮亚杰在道德发展领域的继承人。他的研究建立在大量的实验分析基础上，引起了西方心理学界，特别是美国和前联邦德国教育界的很大反响。

（一）道德发展阶段理论的主要内容

科尔伯格主要是从发展心理学的角度来论述道德发展的，他强调道德发展是认知发展的一部分；强调道德判断同逻辑思维能力有关；强调社会环境对道德发展有着巨大的刺激作用。

科尔伯格采用的研究方法主要是道德两难论法。他编制了九个道德两难故事和问题，如常用的一个故事便是海因茨偷药的故事：欧洲有个妇女患了癌症，生命垂危。医生认为只有一种药能救她，即本城一个药剂师新研制的镭锭。配制这种药成本为200元，但售价却要2000元。病妇的丈夫海因茨到处借钱，但最终只凑得1000元。海因茨恳求药剂师说：他的妻子快要死了，能否将药便宜点卖给他，或者允许他赊账。但遭到药剂师的拒绝，并且还说："我研制的这种药，正是为了赚钱。"海因茨没别的办法，于是破门进入药剂师

第六章 主动接触奇妙的世界——幼儿期儿童心理的发展

的仓库把药偷走。问：这个丈夫该这么做吗？为什么？利用这类两难故事，科尔伯格研究了75名10—16岁的被试。以后每隔三年重复一次，直至22—28岁。他让被试听了故事后判断是非，然后提出一系列的问题让他们回答，再根据他们的回答划分道德判断发展的水平。同时又根据一系列的回答，编制了各种不同水平的量表，再来测定其他儿童的道德发展水平。科尔伯格从被试的陈述中区分出30个普遍的道德属性，如公正、权利、义务、道德责任、道德动机和后果等等。每一个属性可分为6个等级，合计180项，然后把谈话中儿童的道德观念归属到180项，再把谈话中儿童的道德观念归属到180项分类表的一个小项下作为得分。儿童在某一阶段的得分在其全部表述中所占的百分比，便是儿童在该阶段的道德判断水平。据称其信度高达0.68—0.84。这种方法是科尔伯格研究人的道德判断发展的重要手段，并在研究中发现人的道德判断存在着一个渐进的发展过程，分为一系列不同的阶段。科尔伯格认为，人的道德判断可分为三种水平，每种水平各有两个阶段，共六个阶段。

1. 前习俗水平

这一水平上的儿童已具备关于是非善恶的社会准则和道德要求，但他们是从行动的结果及与自身的利害关系来判断是非的。这一水平有两个阶段：阶段一，惩罚与服从的定向阶段。这个阶段的儿童认为凡是权威人物赞成的就是好的，遭到他们批评的就是坏的。他们道德判断的理由是根据是否受到惩罚或服从权力。他们凭自己的水平作出避免惩罚和无条件服从权威的决定，而不考虑惩罚或权威背后的道德准则。阶段二，工具性的相对主义的定向阶段。这一阶段儿童首先考虑的是，准则是否符合自己的需要，有时也包括别人的需要，并初步考虑到人与人的关系，但人际关系常被看成是交易的关系。对自己有利的就好，不利的就不好。好坏以自己的利益为准。

2. 习俗水平

这一水平上的儿童有了满足社会的愿望，比较关心别人的需要。这一水平的两个阶段是：阶段三，人际关系的定向阶段或好孩子定向。这个阶段的儿童认为一个人的行为正确与否，主要看他是否为别人所喜爱，是否对别人有帮助或受别人称赞。阶段四，维护权威或秩序的道德定向阶段。这一阶段的儿童意识到了普遍的社会秩序，强调服从法律，使社会秩序得以维持。儿童遵守不变的法则和尊重权威，并要求别人也遵守。

3. 后习俗水平

这一水平上的人们力求对正当而合适的道德价值和道德原则作出自己的解释，而不理会权威人士如何支持这些原则，履行自己选择的道德准则。这个水平的两个阶段是：阶段五，社会契约的定向阶段。在前一阶段，个人持严格维持法律与秩序的态度，刻板地遵守法律与社会秩序。而在本阶段，个人看待法律较为灵活，认识到法律、社会习俗仅是一种社会契约，是可以改变的，而不是固定不变的。一般说来，这一阶段是不违反大多数人的意愿和幸福的，但并不同意用单一的规则来衡量一个人的行为。道德判断灵活了，能从法律上、道义上较辩证地看待各种行为的是非善恶。阶段六，普遍的道德原则的定向阶段。这个阶段个人有某种抽象的、超越某些刻板的法律条文的、较确定的概念。在判断道德行为时，不仅考虑到适合法律的道德准则，同时也考虑到未成文的有普遍意义的道德准则。道德判断已超越了某些规章制度,更多地考虑道德的本质,而非具体的准则。

(二) 道德教育的基本观点

科尔伯格重视把研究成果应用到教育上去,从而形成了自己的道德教育观点:

1. 道德教育的首要任务是提高儿童的道德判断能力,培养他们明辨是非的能力

把认知—发展观点运用到道德教育中去是科尔伯格道德发展理论的突出之点。他把儿童的道德发展看作是认知发展的一部分,儿童道德成熟过程就是道德认识的发展过程。儿童道德成熟的标志在于他能否作出正确的道德判断并形成他自己的道德原则的能力。而不是只具备服从他周围成人的道德判断的能力。在他看来,儿童道德的成熟首先是道德判断,然后是与道德判断一致的道德行为上的成熟。儿童的道德成熟水平最明显地表露在他的道德判断中。因此,科尔伯格认为一个人的道德判断水平与他的道德行为基本上是一致的。道德教育应以提高道德判断能力为重。

2. 儿童的道德发展是有阶段性的

科尔伯格认为,在对儿童进行道德教育时,应随时了解儿童所达到的发展阶段,根据儿童道德发展阶段的特点,循循善诱地促进他们的发展。他的研究表明,儿童的道德发展必须依次经过各个阶段,但不是所有儿童都能达到最高阶段的。尽管不能跨越各个发展阶段,但儿童总是喜欢超越自己已有的水平,达到较高阶段的道德判断水平。因此,要为儿童提供下一个阶段的模式,以利于儿童道德水平的发展。

3. 学校、家庭和社会要创造良好的条件,广泛开展各种道德教育活动,提供略微超出儿童发展水平的社会道德问题让他们讨论,以激发他们去实现更高阶段的道德水平,使他们的思

维模式向更高水平发展。

(三) 意义及评价

科尔伯格对道德发展问题的一系列研究，扩展了皮亚杰关于儿童道德判断研究的理论，在发展心理学中形成了一个重要的道德发展阶段的模式，使道德现象得到了比较客观的科学证明，并有助于将道德发展的理论用到学校道德教育中去。他的研究在欧美各国的心理学界和教育界产生了广泛的影响。科尔伯格的道德发展理论对学校的道德教育是有启发的，尽管还存在着某些局限性。人们一般都肯定他的道德发展阶段论，认为他的研究为学校道德教育提供了理论根据。对"道德两难法"给予较高的评价，运用这种方法，对发展儿童的道德判断能力，分辨是非善恶，有积极意义。并认为他对传统道德教育中刻板灌输、强迫执行、盲目顺从、机械重复等方法的批判，无疑是正确的。也肯定他重视社会环境对儿童道德发展的影响作用。需要指出的是，科尔伯格强调儿童道德判断能力的重要作用，是他的认知—发展理论在道德教育上的必然反映。仅仅强调道德判断能力，而忽视了道德情感、道德意志和道德行为在道德品质形成和发展中的作用是不全面的。儿童的道德品质不只是要具备道德认识，还要有丰富的道德情感、坚强的道德意志和良好的道德行为，并使之成为习惯。但是，科尔伯格关于道德认识和行为的关系的看法，也存在着片面性。他过分强调儿童的道德判断能力的作用，而忽视了道德行为的训练。上学生活中可以看到儿童的言行不一，有时并非是由于缺乏正确的道德认识和道德判断能力。有时儿童往往是在没有意识到道德准则的情况下作出道德行为的，可见应把知和行统一起来。此外，科尔伯格不重视习惯在儿童道德发展中的重要作用,也是片面的。

二、皮亚杰的道德认知发展理论

皮亚杰的道德认知发展理论(Piaget's Theory on Development of Moral Cagnition)。儿童的道德认知主要指儿童对是非、善恶行为准则及其执行意义的认识。它包括道德概念的掌握、道德判断能力的发展以及道德信念形成三个方面。皮亚杰是第一个系统地追踪研究儿童道德认知发展的心理学家。他在1932年出版的《儿童的道德判断》一书是发展心理学上研究儿童道德发展的里程碑。

(一)皮亚杰的儿童道德发展研究

皮亚杰在研究儿童道德发展的课题中采用了独创的临床研究法(谈话法)。在观察和实验过程中向儿童提出一些事先设计好的问题,然后分析儿童所作的回答,尤其是错误的回答,从中找出规律性的东西。

皮亚杰认为,道德是由种种规则体系构成的,道德的实质或者说成熟的道德包括两个方面的内容:一是对社会规则的理解和认识;二是儿童对人类关系中平等、互惠的关心,这是公道的基础。他认为,儿童认知发展是道德发展的必要条件,儿童的道德发展是认知发展的一部分。因此,皮亚杰着重从儿童对规则的理解和使用,对过失和说谎的认识和对公正的认识,研究儿童道德的开始和发展规律。

皮亚杰与他的同事分别同大约20名4—12、13岁不同年龄儿童一道玩弹子游戏,或观察两个儿童比赛打弹子游戏,研究了儿童对游戏规则的意识、理解和使用情况。皮亚杰认为儿童对规则的认识存在着三个主要的年龄阶段:第一阶段,规则还不是遵守义务的运动规则。儿童常常把自己认定的规则与成人教给的社会规则混在一起。第二阶段，规则是以片面的尊重为基础的强制性规则。儿童认为规则是外加的、绝对不能变的东西。例如年幼儿童与大年龄儿童一起玩时，并不了解为什么要有规则，只是因为大年龄儿童要强迫他们遵守。第三阶段，规则是彼此商订的、可变的。这时儿童不再把规则看做是神圣不可侵犯的，而认为游戏中最重要的是维护双方对等的原则，具体的规则是儿童们自己商订的，因此也是可变的，关键是要使它合理，一旦确定了规则，参加游戏的人就有义务遵守它。在皮亚杰看来，义务的意识，或义务感是儿童道德发展的一个重要标志。与对规则认识相应的是对规则执行（遵守方式）的发展：第一阶段是单纯的个人运动规则阶段，儿童只凭个人的意愿和习惯进行游戏，这与规则意识的第一阶段相对应。第二阶段是以自我为中心，向大年龄儿童模仿阶段。游戏还不具有社会的意义，只有个人的意义。这与规则认识的第一阶段末、第二阶段始相对应。第三阶段是初步的协作阶段，儿童努力想胜过对方，互相要求对方在对等的条件下进行游戏，服从规则。这时的游戏已带有明显的社会目的。不过，儿童在游戏时还常常不遵守规则，造成相互争执。这一阶段与规则认识的第二阶段相对应。第四阶段是规则确立化阶段，这时儿童已在规则上取得完全一致，即使有些争执也可利用丰富的规则知识加以处理。这时的儿童愿意并能比较严格遵守规则。这与规则认识的第三阶段相对应。

关于儿童对过失和说谎的认识和判断的发展。皮亚杰认为要研究儿童的道德判断的性质，采用直接的提问法是不可靠的，把儿童放在实验室里剖析，更是不可能。只有从儿童对特定的行为的评价中才能分析他们的道德认识。因此，

第六章 主动接触奇妙的世界——幼儿期儿童心理的发展

皮亚杰与他的合作者采用了间接故事法。他们设计了许多包含着道德价值内容的对偶故事讲给儿童听，然后请他们对故事中主人公的特定行为进行评价，并说出评价的理由。

根据大量研究的结果，皮亚杰指出，5岁以下的儿童还不会作比较，6岁以上的儿童才会作比较回答。6—7岁的儿童一般根据主人公的行为在客观上的后果（像打碎的杯子的数量的多少，说谎与真实情况的相差程度）来作出判断，即从行为的客观效果作出判断。而10岁以上的儿童则能注意到行为的动机和意图，从行为的主观意图上去作判断。这就是说，年幼儿童的道德判断主要是效果论的，随着年龄的增长，儿童的道德判断逐渐从效果论转向动机论。

儿童对公正观念的认识，是皮亚杰儿童道德发展研究中的一项主要课题。皮亚杰从教师和家长偏爱顺从他的学生或孩子的日常事件中设计了许多故事，讲给儿童听，要求他们对"偏爱行为好的孩子是否公平"这个问题做出判断。皮亚杰和他的合作者对这个课题进行了大量的研究后指出：7岁、10岁和13岁是公正观念发展的三个主要时期。这三个年龄阶段儿童的公正判断分别以服从、平等和公道为特征。年幼儿童对公正概念尚不理解，他们判断好坏的标准主要是看服从还是不服从成人，还不会分辨服从和公正、不服从和不公正的区别。10岁左右的儿童作出道德判断的基础发生了质的变化。他们已能用公正、不公正或平等、不平等作为是非标准了。13岁左右的儿童已能根据自己观念上的价值标准对道德作出判断，能用公道、不公道作为判断是非的标准。他们不再按刻板的固定的准则来判断，而是依据准则，先考虑具体情况，从关心和同情出发去作出判断。所在在皮亚杰看来，公道感不只是一种判断道德是非的准则关系，而且是一种出于关心和同情的真正的道德关系，是一种"高级的平等"。

(二) 儿童道德认识发展阶段

皮亚杰根据儿童对规则的理解和使用，对过失和说谎的认识和对公正的认识的考察和研究，把儿童道德认知发展划分为三个有序的阶段：

第一阶段：前道德阶段（出生—3岁）。皮亚杰认为这一年龄时期的儿童正处于前运算思维时期，他们对问题的考虑都还是自我中心的。他们不顾规则，按照自己的想象去招待规则。他们的行动易冲动，感情泛化，行为直接受行动的结果所支配，道德认知不守恒。例如，同样的行动规则，若是出自父母就愿意遵守，若是出自同伴就不遵守。他们并不真正理解规则的含义，分不清公正、义务和服从。他们的行为既不是道德的，也不是非道德的。

第二阶段：他律道德阶段或道德实在论阶段（3—7岁）。这是比较低级的道德思维阶段，具有以下几个特点：

第一，单方面地尊重权威，有一种遵守成人标准和服从成人规则的义务感。也就是说，他律的道德感在一些情感反应和作为道德判断所特有的某些显著的结构中表现出来。其基本特征是：一是绝对遵从父母、权威者或年龄较大的人。儿童认为服从权威就是"好"，不听话就是"坏"。二是对规则本身的尊重和顺从，即把人们规定的规则，看做是固定的，不可变更的。皮亚杰将这一结构称为道德的实在论。

第二，从行为的物质后果来判断一种行为的好坏，而不是根据主观动机来判断。例如，认为打碎的杯子数量多的行为比打碎杯子数量少的行为更坏，而不考虑有意还是无意打碎杯子。

第三，看待行为有绝对化的倾向。道德实在论的儿童在评定行为是非时，总是抱极端的态度，或者完全正确，或者完全错误，还以为别人也这样看，不能把自己置于别人的地位看问题。皮亚杰与英海尔德在谈到这个时期的儿童特点时说："道德实在主义引向客观的责任观，历而对一种行为的评定是看它符合法律的程度，而不管是出于恶意的动机违反这个原则，还是动机好却无意违反了规则。例如，儿童在理解不准撒谎的社会价值之前很外（因为缺乏充分的社会化），在对有意的欺骗与游戏或纯粹的愿望有失真实区别之前，成人就告诉他们不要撒谎。结果说真话就成了儿童主观人格之外的东西，并引起了道德实在论和客观责任观，从而使儿童认为一切诺言的严重性似乎并不是看有意欺骗的程度，而是看实际上跟真实性相差的程度。"

第四，赞成来历的惩罚，并认为受惩罚的行为本身就说明是坏的，还把道德法则与自然规律相混淆，认为不端的行为会受到自然力量的惩罚。例如，对一个7岁的孩子说，有个小男孩到商店偷了糖逃走了，过马路时被汽车撞倒，问孩子"汽车为什么会撞倒男孩子"，回答是因为他偷了糖。在道德实在论的儿童看来，惩罚就是一种报应，目的是使过失者遭遇跟他所犯的过失相一致，而不是把惩罚看做是改变儿童行为的一种手段。

第三阶段：自律道德或道德主观主义阶段。皮亚杰认为儿童大约在7—12岁期间进入道德主观论阶段，这个阶段的道德具有以下几个特点：

第一，儿童已认识到规则是由人们根据相互之间的协作而创造的，因而它是可以依照人们的愿望加以改变的。规则不再被当作存在于自身之外的强加的东西。

第二，判断行为时，不只是考虑行为的后果，还考虑行为的动机。研究表明，12岁的儿童都认为，那些由积极动机支配但损失较大的儿童，比起怀有不良动机而只造成小损失的儿童要好些。由于考虑到行为的动机，因而在惩罚时能注意照顾弱者或年幼者。

第三，与权威和同伴处于相互尊重的关系，儿童能较高地评价自己的观点和能力，并能较现实地判断他人。

第四，能把自己置于别人的地位，判断不再绝对化，看到可能存在的几种观点。

第五，提出的惩罚较温和，更为直接地针对所犯的错误，带有补偿性，而且把错误看作是对过失者的一种教训。

达到自律性道德阶段的儿童，在游戏时不再受年长者的约束，能与同年龄儿童平等地参加游戏，彼此明白自己的立场与对方的立场，共同制定规则，遵守规则，独立举行游戏比赛。

皮亚杰认为儿童道德发展的这些阶段的顺序是固定不变的，儿童的道德认识是从他律道德向自律道德转化的过程。他律道德阶段的儿童是根据外在的道德法则进行判断，他们只注意行动的外部结果，不考虑行为的动机，他们的是非标准取决于是否服从成人的命令或规定。这是一种受自身之外的价值标准所支配的道德判断。后期儿童的道德判断已能从客观动机出发，用平等或不平等、公道或不公道等新的标准来判断是非，这是一种为儿童自身已具有的主观价值所支配的道德判断，属于自律水平的道德。皮亚杰认为只有达到了这个水平，儿童才算有了真正的道德。

(三) 道德认识发展的因素

按皮亚杰的观点，儿童道德认识的发展主要受到儿童认知发展的水平和儿童与其他人的交往的影响。儿童道德认

第六章 主动接触奇妙的世界——幼儿期儿童心理的发展

知的发展与儿童认知能力的发展是相对应、相平行的。在认知上处于感知运动阶段的儿童，在道德上都相应处于前道德阶段，同时前道德阶段包括了2—3岁处于前运算认知阶段的儿童；在认知上处于前运算认知阶段的2—7岁儿童，在道德上都处于他律道德阶段；而在认知上处于具体运算阶段的儿童，在道德上多处于自律道德阶段。所以皮亚杰说，道德上的他律阶段与自律阶段间的差别，就相当于前运算思维阶段与具体运算思维阶段间的差别。皮亚杰的这个观点受到了有关实验的支持，有人发现守恒程度低的儿童在道德判断上也是低水平的，同时指出，道德要领和伦理价值观的教学和纯认知的教学一样，需要与儿童按照他现有的认知结构加以同化的东西相适合。

儿童的道德认知是怎样由他律性转化为自律性的呢？可以从年幼儿童为什么具有他律道德的原因分析起。研究认为年幼儿童的道德不成熟主要由两个原因造成：一是认识的原因，即自我中心（把别人看成和自己一样）和实在论（把主观经验同客观现实混同，如把梦境看成是现实存在的事物）；二是对权威的服从，包括自卑感、依赖性、依恋、赞赏、害怕等情感综合体，使儿童服从成人指示，将规则视为神圣不变的东西。

儿童要获得道德认识上的发展必须摆脱自我中心和实在论，理解到别人有着与自己不同的看法，从而发展自己与别人不同的自我概念。皮亚杰认为，要使儿童从自我中心和实在论中解放出来，最重要的途径是与同伴发展相互作用。因为在与同伴的交往中，儿童才会把自己的观点与别人的观点相比较，从而认识到自己的观点与别人有别，对别人的观点可以提出疑问或更改意见。也只有在与同伴的交往中才能认识到同样的行为也许会被别人以不同的方式所理解，导致不同的结果。同时，正是在与同伴的交往中，他们开始摆脱权威的束缚，互相尊重，共同协作，发展了公正感。皮亚杰重视同伴在发展儿童道德认识中的关键作用，但也未完全否定父母的作用，只是有一个条件，成人必须改变传统的所谓权威的地位，与儿童平等相处，只有这样的父母才能成为促进儿童道德认识发展的积极力量。

第七章 学习中的勤奋与自贬

——童年期儿童心理的发展

第一节 童年期儿童的记忆发展

儿童入学以后,开始从事一种新的主导活动——学习。在学习过程中,教师经常要向儿童提出新的要求,如要求学会识字,学会计算,记住课业,准备回答和接受检查等等,这就给记忆提出了一系列新的要求,从而使学前期本质上不同的新的记忆能力逐渐发展起来。

一、小学儿童记忆发展的特点

小学儿童与学前儿童的记忆差别,既表现在数量上,也表现在质量上。从记忆的数量上说,小学儿童记忆的效率在不断增加。实验研究证明,7—8岁儿童的记忆能力和学前儿童比较起来,还很少差别;9—11岁儿童所能记忆的材料的数量和学前儿童所能记忆的材料比较,一般可以增加一倍以上。实验研究也证明,让学前儿童和小学儿童同时记忆15个单词,学前儿童平均能记忆 3—5 个，小学儿童平均能记忆 6—8 个。同时，根据一些心理学的专门研究材料来看，记忆诗篇的能力也是在 7—11 岁这一期间开始有显著增长的。更重要的是小学儿童的记忆能力和学前儿童比较起来，正在发生着本质上的变化。这些本质的变化表现在：

1. 从记忆的目的性来看，有意记忆和有意回忆逐渐占主导地位

学前儿童记忆的有意性和目的性很差，无意记忆占主导地位。当儿童进入小学后，学习成了他们的主导活动，学校要求儿童必须把学习当作一种目的任务，并使自己的记忆服从于这种目的任务。但小学低年级儿童还不善于主动地提出记忆的任务，分不清教材内容的主次，不明确哪些该记，哪些可以从略。只有当教师向他们提出记忆的具体任务，他们才能照着做。这样，小学儿童有意记忆的能力就迅速地发展起来，并逐步占主导的地位。这一变化是在整个小学阶段逐步实现的。从小学低年级儿童来看，记忆的有意性、目的性还很差。他们很容易使记忆离开自己的学习任务，以致影响学习的效果。他们常常能够很好地记住那些自己感兴趣的东西，对那些自己不感兴趣、而又是必须学习的东西，却往往记不住。在正确的教学影响下，小学儿童记忆的有意性、目的性和其他有意的心理过程一样，随着年龄的增长而不断地发展着。到了中、高年级，记忆的有意性、目的性、自觉性和积极性都日益增强。他们能够主动地去记忆那些不感兴趣，但又必须掌握的材料；能够有意识地去加强记忆那些难记的材料，还能够自觉地去检查自己记忆的效果。

小学儿童还能经常有意地运用回忆进行记忆，如有些儿童阅读几次课文以后就默默地回忆课文一次，也有的儿童在熟记课文时回忆多于阅读。总之，小学儿童的有意记忆和有意回忆在逐渐占据主导地位，当然，这并不排斥无意记忆的作用。事实上，在整个小学阶段，一方面，有意记忆日益占主导地位；另一方面，无意记忆也在起着重要的作用。

2. 从记忆的方法来看，意义的、理解的记忆逐渐占主导地位

学龄前儿童，在成人的启发诱导下已学着运用意义记忆的方法，入学后这种能力进一步得到发展。但是，小学低年级儿童还不完全具有意义记忆的能力。这是因为他们还缺乏知识经验，较难于找出材料的内部联系，在理解的基础上进行记忆；他们的语言虽有发展，但还不足以用自己的话复述所记忆的内容；他们对意义记忆的方法和技巧也很生疏，不善于进行分类和对比。总之，他们的智力还没有充分发展，往往更多地运用机械记忆。

在教学的影响下，小学儿童记忆的这种状况迅速地发生着变化。由于教材内容要求儿童必须在理解的基础上记忆，必须学会分析出事物的主要东西和次要东西，找出事物之间的内在联系，并对所记忆的材料进行思维加工。这就促使儿童的意义记忆能力随着知识的增长和理解能力的提高而逐渐发展起来。实验研究材料表明了这一发展趋势：儿童年级越高，意义记忆所占的百分比越大，机械记忆所占的百分比越小。

儿童在低年级时机械记忆起主导作用，愈到高年级作用愈小；而意义记忆在低年级起次要作用，愈到高年级作用愈大。但必须正确认识到，在儿童学习中，两种记忆都是必要的，它们是相辅相成的。

3. 从记忆的内容来看，对词的抽象记忆也在迅速地发展着

小学儿童长于具体形象记忆，对抽象的词的联系则较难建立。据研究，他们能牢固记忆以直观形象为依据的具体材料，对没有直观形象为基础的具体材料则不易记住，如上地理课，如果不结合地图叙述地名是较难记住的。记忆抽象的材料更是如此，如掌握概念的定义，必须从具体的材料中引申出来，才能更好地为他们所理解和牢固地记住。

小学阶段的儿童具体形象记忆占优势，但随着年龄的增长。在教学的影响下，他们对词的材料记忆比直观材料的记忆发展得更快一些，儿童年龄越大，具体形象记忆能力和抽象逻辑记忆能力之间的差别就越小。

其中低年级儿童对图画的记忆比对单字的记忆效果好，原因是图画生动具体，便于低年级儿童理解记忆；中年级儿童对单字记忆的能力有显著提高；到了高年级儿童单字记忆和图画记忆能力的差别逐渐缩小。原因是儿童思考力、想象力的发展，促进了抽象记忆能力的发展。

总的来说，记忆词的抽象材料的能力对智力的发展具有重要意义，但是，也不能忽视具体形象的记忆，因为在掌握间接经验的过程中，直观的感性材料起着重要的作用。

二、小学儿童记忆的培养

儿童的记忆能力是在教育和教学影响下逐步发展起来的。因此，在教育和教学实践中，教师应针对儿童记忆特点，促使儿童记忆能力的发展。

1. 加强记忆目的性、自觉性教育，培养儿童以有意记忆为主的记忆能力

只有通过有目的的、自觉的记忆过程，儿童才能获得系

统的科学知识，但低年级儿童还不善于自觉地提出记忆的目的任务。这种状况与学习任务很不相称。为此，教师要培养儿童记忆的目的性和自觉性，使他们的记忆由被动变为主动。

儿童记忆的目的和任务开始大多由教师向儿童提出，然后逐渐让儿童学会独立地向自己提出记忆的目的和任务，使他们懂得自己应该记什么，为什么要记它，善于提出长远的记忆任务，并逐步学会自觉地检查自己记忆效果的本领。这样的引导，不仅能保证小学儿童顺利地记忆，也是发展他们有意记忆的重要途径。

2. 培养儿童以意义记忆为主、机械记忆为辅的记忆能力

理解了再记是一种有智力参加的积极的记忆活动，它的记忆效果最好。在教学中应提倡尽可能地在理解的基础上去记忆。

（1）意义记忆比机械记忆有较大的优越性

意义记忆的基础是理解，理解了的东西比不理解的容易记住，保持也持久。因此，要教会儿童意义记忆的一些方法。比如要求儿童记忆教材时，先要分析教材，找出它的基本精神、论点、论据和逻辑结构，用自己的语言把它们概括起来，并准确地叙述出来。这样做，不但记忆效果好，而且也有利于意义记忆能力的发展。

（2）强调意义记忆，并不否定机械记忆

在学习中要根据材料的特点进行必要的熟记和背诵。如九九乘法表、外语单词、历史年代等必须机械记忆。小学低年级是儿童机械记忆的适宜期，在这个时期依靠机械记忆记住的东西常常终生不忘，以后这些东西纳入到一定的知识系统中，就成了小学儿童知识宝库中有用的材料。

（3）儿童熟记教材，如果能把两种记忆方法结合起来使用，效果尤佳

在教学中，教师首先要把教材讲清楚，使儿童听懂，能理解，然后指导儿童去熟记这些教材，积累知识。

3. 正确地组织复习

首先，合理地安排复习时间。这主要表现在两个方面。一是复习要及时，依据是遗忘的先快后慢规律，如不及时复习，将耗费比及时复习成倍的时间。二是分散复习比集中复习效果好。研究表明，3个小时的复习内容，分成每天1小时，连续复习3天，比一天连续3小时复习的效果好得多。其次，阅读与试图回忆结合。两组儿童记忆同一课文，第一组连续读四次，第二组读两次，试图回忆两次交替进行。结果第二组的效果比第一组好一倍。因为试图回忆容易发现难点，可以集中精力去记忆，而且它又是积极的活动过程，需要注意力高度集中，因而印象深刻，记得牢固而持久。再次，防止材料之间的相互干扰。在连续复习几种学习材料时，往往前面的材料干扰了后学的材料，或者相反，后学的材料干扰了对前面材料的回忆。因此在复习时，不要把内容相似的材料安排在一起，以免相互干扰。最后，复习方式多样化。这样做可避免由于单调重复而引起的厌烦情绪或疲劳现象。此外，在复习时还要尽可能利用多种分析器官参加活动。如儿童学习字词，要仔细看字形，留心听发音，认真读字音，反复书写练习，专心地想字义等，通过多种感官的活动，能大大地改善学习效果。

第二节 童年期儿童的思维发展

童年期儿童的思维发展（Thinking Development of Primary School Children）是一个极为复杂而漫长的过程。儿童入学以后，开始从事正规系统的学习活动，要求他们进一步发展分析、综合、比较、抽象、概括的能力，形成新的智力结构，从而推动儿童思维的不断发展。

一、小学儿童思维发展的基本趋势

以小学时期的儿童来说，初入学儿童的思维基本上仍属于具体形象思维。但是，学校的各项学习日益要求儿童有相应的抽象逻辑思维，这种要求跟儿童已有的思维水平形成矛盾，这个矛盾促使小学儿童从以具体思维为主要形式逐步过渡到以抽象逻辑思维为主要形式。可以说，整个小学时期，儿童的思维正处于这种过渡阶段。

小学儿童的抽象逻辑思维已开始发展，其思维具有以下几个特点：① 具有很大的具体性。也就是说他们的抽象逻辑思维还是直接与感性经验相联系的，他们能够掌握的概念还是具体的感性的。② 具有很大的不自觉性。也就是说他们能够进行抽象逻辑思维，但是还不能自觉地调节、检查或论证自己的思维过程；他们能够通过思维解决一些问题，但又说不出自己是如何思考，如何解决的。③ 具有很大的不平衡性。也就是说从整个发展趋势来说，儿童思维中的具体形象成分和抽象逻辑成分的关系在不断地发生变化，但是具体到不同学科、不同教材、不同儿童身上，这个发展的总趋势又常常表现出很大的不平衡性。例如，对数学教材，儿童的思维可能表现出较高的抽象水平；而对历史教材中的历史发展规律的理解,则还会感到很大的困难。

二、小学儿童掌握概念的特点和基本规律

儿童掌握概念是一个主动的复杂的过程。不是可以由教师把现成的概念简单地、原封不动地塞进儿童的头脑的;同时,儿童掌握概念也不是一次就能完成的,而是一个不断地充实、深化的过程。

小学儿童对概念的掌握,是直接受他们的概括水平的发展所制约的,也就是说概括水平是儿童掌握概念的直接前提。

在整个小学时期,儿童的概括水平大体上经历着以下三个阶段:第一阶段,可以叫做直观形象水平,低年级儿童一般属于这种水平。他们能够进行概括,但是他们据以概括的大多是事物直观的、形象的外部特征,他们更多注意的是事物的外观和实际意义。第二阶段,可以叫做形象抽象水平,中年级儿童一般属于这种水平。在他们的概括中,直观的、外部的特征已逐步减少,本质的特征已逐步增加。第三阶段,可以叫做本质抽象水平,高年级儿童已逐步显现这种水平。他们已能对事物的本质特征和内部联系进行概括,但是这种概括只是初步的,高度抽象概括还是难以做到的。

由于儿童的概括水平是逐步提高的,因此他们掌握概念也有一个发展的过程,反映出不同的特点。我们从儿童给概念下的定义中可以看到,他们掌握概念一般要经历以下几个阶段:

1. 指出事物功用的定义

在这种定义中,主要反映事物的某些用途。例如,牛奶是可以喝的,马是可以骑的,皮球是可以玩的等等。

2. 指出种的规定的定义

在这种定义中,儿童已经能把被下定义的概念归属于高一级的概念。例如,马是动物,皮球是玩具等等。

3. 指出种与属差的规定的定义

在这种定义中,儿童不仅能把被下定义的概念归属于高一级的概念,而且能指出被下定义的概念与其他相关概念的差别。例如,马是食草、会拉车的动物;皮球是用橡胶做的玩具;水是无色、透明的液体等等。

4. 完全开展的科学定义,即能全面反映事物本质属性的逻辑定义

据研究,小学一二年级儿童的概念主要属于第一、第二阶段,从四年级起,第三阶段逐步占优势;至于第四阶段,主要属于中学时期。根据这些发展过程,在帮助儿童掌握概念时,必须努力训练并提高儿童思维的概括水平。如果儿童缺乏应有的概括水平,就会成为他们掌握概念的障碍。

三、小学儿童逻辑推理能力的发展

在教学过程中,儿童不仅要学会掌握概念进行判断,而且也逐步学会进行逻辑推理。其发展的基本趋势是从直接推理过渡到间接推理。

直接推理是由一个前提本身引出某一结论的推理。例如从"5大于3"推出"3小于5";从"好学生遵守纪律"推出"不遵守纪律不是好学生"。间接推理是从几个前提推出某一结论。例如"凡是能被2除尽的数叫偶数,10能被2除尽,所以10是偶数"。归纳推理与演绎推理都是间接推理。在教学活动中,更多需要运用的推理是间接推理。但是对于小学儿童来讲,间接推理是在直接推理的基础上发展的,儿

童在进行间接推理时，常常要有直观形象的支持。有些小学教师常常运用"割补法"来讲"平行四边形"、"梯形"等面积计算，是符合这个特点的。根据儿童思维的特点，低年级儿童适合运用归纳推理，中高年级以后，可以逐步增加演绎推理。

逻辑推理是掌握知识的重要工具，也是智力活动的主要形式，逻辑推理能力的发展直接影响儿童的学习效率，也影响儿童智力的发展。

四、小学儿童一般思维的培养

在整个小学时期，积极培养儿童的抽象逻辑思维能力是学校教学的重要任务之一。抽象逻辑思维能力对儿童来说，不论是知识的掌握还是智力的发展，都是处于决定的地位。只有当儿童逐步从具体形象思维过渡到抽象逻辑思维时，儿童才能顺利地掌握人类所遗留下来的文化财富，同时不断地提高自己的聪明才智。

儿童抽象逻辑思维能力是学习的重要前提，同时又是在学习活动中锻炼和发展起来的。促进儿童抽象逻辑思维能力的发展，有下述几种主要的做法。

1. 从生动的直观到抽象的思维，这是掌握知识、发展思维的一般规律

思维是在感知材料的基础上进行的，感知材料愈丰富，思维的内容也就愈丰富；缺乏感知材料，思维就成了无源之水。一个空洞的头脑是不能进行思维的。所以，教师在各科教学中应该不断扩大儿童的知识范围，加强教学的直观性；同时还要通过各种课外活动，如参观、旅游等，增加儿童直接感知现实的机会，使他们获得丰富的感知材料。苏霍姆林斯基甚至明确规定，孩子们在四年之内（小学阶段）应当"进行 300 次观察，让 300 幅鲜明的画面深深印入儿童的意识里"。他接着说："我提出的目的是：要把周围现实的画面印入儿童的意识里去，我努力使儿童的思维过程在生动、形象、表象的基础上来进行，使他们在观察周围世界的时候确定各种现象的原因和后果，比较各种事物的质和特征。"但是，"生动的直观并不是最终目的，而是手段"，教师在丰富儿童感知材料的同时，应该积极引导儿童对这些材料展开分析综合、比较、归类、抽象、概括、判断、推理等思维活动，使儿童的认识从感性阶段上升到理性阶段。

概括起来说，教师在各种教学活动中，既要充分利用直观，又要及时摆脱直观。这是发展儿童思维的一条重要原则。

2. 思维总是在问题面前开始的，发现问题、解决问题是训练儿童思维的必由之路

教师在教学中，应该根据教学内容创设问题情境，尽可能让儿童有解决问题、克服困难的机会。凡是儿童能够解决的问题，必须让儿童自己去解决；而对某些比较困难的问题，则是指导并帮助儿童去解决，而决不要代替儿童去解决。教师如果把教学的内容嚼得过细，使学生无须再咀嚼，只要把教师所讲的吞下去就行了，这样培养出来的学生可能是懂知识的猿猴，而不是独立思考的人。

儿童天生好奇、好问，他们对世界上形形色色的现象充满着新奇感，在他们的小脑袋里有着无数个"为什么"。对孩子们提出的各种问题，教师必须十分耐心地给以适当的解答或处理，不能忽视，不可厌烦，更不容打击，否则就会扼杀儿童求知的欲望，阻碍他们思维的发展。

3. 让学生在掌握知识的过程中学会思维，发展思维

"学与思"关系是一个十分古老的问题，学生的学习活动与思维过程本来具有非常密切的关系，它们既相互依赖，又相互促进。学生掌握知识，必须通过分析综合、抽象概括等各种思维过程，所以这些思维过程是学习的必要心理前提，而这些思维过程也正是在掌握和运用知识的学习活动中得到锻炼、获得发展的，所以这些思维过程又是学习的结果。教师在教学过程中，应该十分重视并努力做到使学生的学习与思考相结合，让他们在学习中思考，又在思考中学习，这样就能同时实现知识教学和智力训练的目的。反之，如果"学"与"思"割裂，那么"学而不思则罔，思而不学则殆"，两个目的都不能达到。

学生思维的训练可以通过各种途径，但通过掌握知识的过程去训练思维应该是首要的、基本的途径。因为让小学生掌握各门学科的基础知识和基本技能是小学教育的主要任务，同时也是儿童生活中的主要内容。

4. 养成儿童独立思考的习惯，锻炼儿童独立思考的能力

小学儿童一般还缺乏独立思考的习惯和能力。他们在学习过程中往往容易接受别人的暗示，容易被事物的表面现象所迷惑，而不善于自主地、独立地思考。教师在教学中应该注意培养儿童独立思考的习惯和能力，防止儿童机械地背诵知识，而要求他们尽可能地理解知识；还要防止儿童在作业中过多地依赖教师和同学，要求他们去独立思考，独立完成。

独立思考的习惯和能力，不是一朝一夕就能养成的，教师必须经常地、多方面地启发并要求儿童进行独立思考，才能收到良好的效果。

5. 通过语言训练，促进儿童思维的发展

由于思维与语言具有密切的关系，所以通过语言训练可以促进思维的发展。让儿童掌握丰富而精确的词汇，学会正确运用语法规则表达思想，能够锻炼儿童思维的明确性、系统性与逻辑性。

儿童的语言训练，不仅是语文教师的任务，还应是各科教师的共同任务。在各科教学中，都要求并督促儿童说话要完整，有条理，注意语法结构，注意逻辑。在抓好外部语言的同时，也要重视内部语言的训练。提出问题以后，要让学生"想一想"再回答；在运算、阅读等作业活动中，应逐步要求儿童从出声思维到不出声思维，养成默算、默读的习惯。

第三节 童年期儿童的情感发展

一、情感内容不断丰富

童年期儿童进入学校，学习成为主导活动，社会交往和活动范围明显扩大，开始真正介入集体生活。儿童逐渐把完成学习任务看成自己最突出的需要，学习的成败使其产生愉快或不愉快的情感体验；人际交往的增多使儿童经历了与周围人相互间的关怀、爱恋、友谊或怨恨；而集体生活又使儿童产生责任感、义务感等个人与集体关系的情感体验；儿童情绪情感的内容日益丰富，并越来越具有社会化的性质，各种高级社会情感逐渐发展起来。同时，儿童情感的分化也越来越精细、准确：以笑为例，小学儿童除了

会微笑、大笑之外，还会羞涩地笑、嘲笑、冷笑、苦笑等，情感的结构更加复杂多样。

二、情感更加深刻

这首先表现在唤起儿童情感的对象由个别具体的事物逐渐转变为社会性事件。幼儿常会因能否得到糖果或玩具而高兴或不愉快，小学生情感则转向更多地跟学习分数好坏、是否受到集体的表扬或批评等有关；情感深刻性的变化还表现在体验由多与事物外表相联系，逐步转化为与事物本质相联系，如中高年级儿童对人好恶的体验，已从外部的穿戴逐步转到对行为、道德品质的评价上。

三、情感稳定性逐渐提高

初入学儿童仍像幼儿一样情感稳定性差，情境性强，（如友谊）容易产生也容易消失，随年级增高稳定性逐渐提高，到了中高年级，同伴之间便很少会因为一点点小事而感情破裂，也不会因学习上的点滴成败而表现出过分强烈的情绪反应。

四、情感的控制能力不断增强

在环境要求和一定生活方式影响下，儿童对情绪和情感的抑制和控制能力进一步发展，情感的冲动性明显减少，比如，中高年级儿童已能为按时完成作业而自觉克服游戏的诱惑，学习的责任感压倒了对游戏的喜爱，从而控制了玩的冲动。

第四节 童年期儿童的个性社会性发展

一、学童个性倾向性的发展

1. 需要

跟幼儿期相比，童年期儿童的需要更加丰富多样和复杂深刻。

几乎所有类型的需要在小学阶段都有所表现，认识需要逐步超过生理和安全的需要成为高年级儿童的主导性需要，交往需要、自尊需要也比先前表现得明显和深刻，初步形成一个社会性需要为主导、有着动态变化结构的需要系统。而作为自我实现需要重要表现之一的成就需要此时也已萌芽，并在童年期经历着重要的考验。个体后期成就动机水平的强弱跟早期成就需要的发展有明显关系。

2. 兴趣

（1）由直接兴趣逐渐向间接兴趣转化

低年级时，由于知识贫乏、活动的目的性差，其兴趣仍像幼儿时那样主要是由活动本身的有趣、新奇、好玩引起；到了中高年级，随着儿童认识能力的发展，活动的目的性不断增强，对事物的兴趣除了直接兴趣之外，也产生了由某种目的、需要所激起的间接兴趣。

（2）兴趣广度逐步扩大，但缺乏中心兴趣

在教育的影响下，小学儿童的兴趣广度逐步扩大，从课内学习兴趣扩展到课外学习兴趣，从校内活动兴趣扩展到校外活动兴趣，从玩弄小玩具的兴趣扩展到科技制作活动的兴趣。兴趣广度的扩大，大大增强了儿童活动的积极性，扩大了他们的经验和知识面，但由于认识和能力的局限，一时还难以形成稳定的中心兴趣。

（3）兴趣逐渐由不稳定向稳定发展

低年级儿童兴趣的稳定性仍然很差，易受情境和偶然因素的影响，中高年级之后，儿童兴趣的稳定性才逐渐增强，已经形成的兴趣可保持较久，有些兴趣，如对艺术、体育、制作的兴趣甚至可以保持终生。

（4）兴趣的效能大大提高

兴趣的效能是指兴趣对活动的作用程度而言。低年级儿童由于受认识和能力的限制，对事物较少采取主动、积极的行为，兴趣的效能较低，中高年级之后，儿童兴趣的效能才明显增强，会在兴趣的驱动下去探究事物，进行实际操作和制作。

三、学童自我意识的发展

1. 自我认识的内容不断丰富和深刻

早期儿童对自我的认识多是针对生理上的自我，对心理自我和社会自我的认识只有在童年期以后才真正发展起来。他们开始能意识和反省自己心理活动的过程和行为，对自己的评价更多涉及心理品质等内在的东西；开始注重别人对自己的评价，试图通过获得同学、家长、教师的称赞、尊重、信任来构建初步的社会性自我。自我认识所涉猎的内容不断增加，认识的程度也更加深刻。

2. 自我评价能力明显提高

这主要反映在此时儿童自我评价独立性、全面性和稳定性的发展上。

小学低年级儿童和幼儿期儿童差不多，自我评价的独立性还很差，大多依据于教师和父母对自己的评价；小学三、四年级以后，儿童自我评价的自觉性和独立性才有明显发展,逐步学会将自己的行为和别人的行为加以对照,从而对自己的心理和行为进行独立评价。

小学低年级儿童的自我评价,具有片面性和表面性,容易看到自己的优点,忽视缺点,容易以一点遮掩其余,以偏概全;以后随着儿童认识能力的发展,他们才逐渐学会全面地评价自己,能列举自己的优点和缺点,并分出主次,逐步过渡到能对自己进行比较综合和正确的评价。

低年级儿童由于自我评价的原则尚未掌握,标准易变,自我评价的稳定性差;从中高年级开始,儿童开始理解和掌握了一定的道德观点和社会行为准则,于是,能够更全面和深刻地认识自己,自我评价的稳定性明显提高。

3. 自我体验继续深化

小学阶段儿童的自我体验日益丰富,独立感、自尊感和自信感等都在明显发展,而且,自我体验对个体心理活动和个性形成的影响作用也进一步增强。

随着儿童生理上的成长,交往和活动能力继续增长,尤其在中高年级以后,个体的独立感已非常明显,甚至开始出现成人感的萌芽;同时,由于群体生活的影响,个体开始产生自尊需要,当社会评价满足了个人自尊需要时便产生肯定的自尊感,它促使儿童积极向上,以追求实现更高的社会和群体期望;而对自己能力评价的不断增强,还促使儿童产生了自信感,良好的自信感是个体发展的动力,但由于童年期儿童对自己的评价不够稳定和准确,有时会使之转化为自负或者自卑。

4. 自我控制进一步增强

随着意志的发展,在教育教学和各种实践影响下,童年期儿童的自我控制能力进一步增强,逐渐学会能根据一定的目的和计划来调整自己的心理过程与行为,制止和抑制不正确或当时情境中不合适的言行;有时为了一定的目的甚至能够掩盖自己的真实情况和真实感受,但这种较高水平的自我控制只有在小学中高年级才可能达到。

第五节 童年期儿童品德的发展

一、道德认识的发展

皮亚杰通过自己的观察和研究(主要是对偶故事法),认为6岁到11、12岁儿童的道德认识有一个从他律道德向自律道德转化的过程。8岁或9岁以前属他律道德阶段,此时,儿童根据外在的道德法则、标准进行道德判断和推理,他们只注意行为的外部结果,不考虑行为动机;他们的是非标准取决于是否服从成人的命令或规定,这是一种受自身之外的价值标准所支配的道德判断。9岁或10岁之后,儿童的道德认识开始进入自律道德阶段,儿童的道德判断和推理已能从行为者的主观动机出发,用平等、不平等,公道或不公道等新标准来判断是非,这是一种为儿童自身已具有的主观价值所支配的道德判断和推理,因而称为自律水平的道德。皮亚杰认为,只有达到这个水平,儿童才算有了真正的道德。

二、道德行为的发展

1. 逐步由外部调节向内部控制过渡

与道德判断从他律向自律的发展相对应,童年期儿童道德行为的调节也表现为从外部向内部过程过渡。低年级甚至中年级的小学儿童,他们的道德行为多半是在老师和父母的要求下或仿效他人的情况下逐渐实现的，例如，认真听讲，积极思考问题，按时完成作业等习惯的形成，主要依靠外部的调节和监督，很少出于儿童内心自觉的需要；到了高年级，随着道德认识的不断提高，儿童对行为的调节才开始向内心自觉的方向过渡，逐渐把教师和父母的要求转化为自己内在的道德需要。

2. 好模仿，易受暗示

由于童年期儿童道德认识的水平不高，判断是非的能力较差，因此他们的很多行为仍然多是通过观察和模仿习得。班杜拉的社会学习理论生动地说明了这一点。

班杜拉的研究以及随后的更多研究都说明，儿童平时对周围世界、电视、电影、小说中各种行为的观察、阅读，虽然未能直接加以模仿，但并未阻止他们的学习，即使是对某些不当行为给予惩罚也不能阻止儿童对这些行为的无意识学习，只要遇到类似的情境，这些行为很可能在实际生活中再现。

3. 道德行为和道德认识常常不一致，出现言行脱节的现象

道德认识是道德行为的基础，但并非有了高水平的道德认识就一定会有好的道德行为。在童年期儿童身上，我们常会看到道德认识和道德行为脱节的现象，虽然懂得某种行为准则，但实际生活中却不遵守，或者是只说不做。造成这种现象主要是由于此时儿童意志的发展还不够高，自制力差，缺乏抵抗诱惑的能力，容易受不良行为习惯影响，同时，父母和教师间对儿童教育要求的不一致也会导致他们的言行脱节。

4. 由不稳定、不巩固逐渐向稳定、巩固方向发展

小学低年级儿童，由于活泼好动、自制力差，虽然通过训练掌握了一些具体的道德规范，但还没有形成良好的道德行为习惯，道德行为常表现出不稳定和不巩固性；大约在四年级以后，他们才逐步养成初步的道德行为习惯。但总的来说，小学儿童道德行为的巩固性、稳定性还很差，容易变化。

小学儿童道德行为习惯的发展常有一个低年级和高年级好，而中年级差的"马鞍形现象"。这主要是由于低年级儿童的道德行为虽然缺乏自觉性，不够巩固，但在教师和家长等外部因素的调节下，也受到一定的控制；而中年级儿童由于独立性的发展，不少儿童便显得不那么听话，反而导致行为水平下降；高年级的儿童由于行为的自觉性有进一步提高，在训练和教育影响下，行为习惯水平才又进一步上升。

第八章 懵懂而躁动的中学生

——青春期的心理发展

青少年是人生的第二次诞生,卢梭(JJ. Rousseau)在《爱弥尔》一书中这样说过:"我们在这个世界上诞生两次,第一次为了生存,第二次为了生活。首先作为人而诞生,其次是作为男性或女性而诞生,这样,人才能作为人生中的人而诞生,人所应有的一切也就是和他并非无缘了。"随着青春期的到来,一个重大的转折开始了,即从生物体验转向个人和社会性体验。在人还很小的时候,我们发现其发展和行为几乎像植物一样,可以预测其生长方向。随着青春期的来临,人的发展逐渐受到生活其中的心理社会环境的影响。随着与经验相关的生活背景和个人的人格同一性意识成为显性因素,年龄或生物决定因素的作用就减弱了。我们把中学阶段定义为青春期,这时候正值年轻人懵懂而躁动,迷惘又叛逆的时期。

第一节 青春期的生理发展

作为青春期到来的标志首先是生理发展——身高体重的增加。女孩的生长突发期比男孩要早 2 年左右。一般来说，女孩身高长得最快是在 12 岁，男孩在 14 岁左右。女孩 14 岁，男孩 16 岁时，98%已经达到成人身高，尽管女孩子到 18 岁，男孩子到 20 岁之前身高仍然继续增长。但是由于男孩子生长期较长，到成年时身高平均超过女子 10%。

总的来说，身体各个部分的生长速度大体一致，除却大脑以外，因为甚至在发身期和作为身体最后一个主要系统的生殖器官发育之前，大脑已经达到了成人的大小了。一般来说，身体的生长发育是有一定顺序的，尽管个人自身和个人之间会有相当的差异。例如，一个姑娘可能在乳房、阴毛生长、甚至在躯体方面已经达到成人水平，但是还未来月经。

如果说胎儿期是人身体发育成熟的第一高潮，那么青春期是身体和性器官生长和分化的第二个高潮。雄性激素在受精后 7—8 周开始分泌，而雌性激素比雄性激素晚 2 周开始分泌，从而引起性器官、身体、化学和大脑发育的二态性差异。这第二个大发展阶段再次由内分泌腺或分泌激素的腺体起媒介作用，引起新的化学、生物、行为发展变化。产生和制约这类负责转变的整个过程，从其在各个文化中的普遍性来看，可以说基本上是由遗传因素决定的。内分泌系统同其他主要的生物和心理结构一样，也会受到本系统及其他组织系统的变化影响。主要的相互作用因素包括一生的营养摄入、紧张刺激的强度和持续时间、药物摄入及健康状况等。

第二节 青春期的认知发展

受大脑发育影响,中学生的认知发展也有其十分显著的特点。中学生求知欲强、兴趣多样,他们的认知空间不断扩展、认识不断丰富,但是极易受个人情绪情感、周边环境的影响。按照心理学家皮亚杰的思维发展理论来说,中学生进入了形式运算阶段。他们抽象思维的能力开始得到提高,从封闭的逻辑系统发展到开放的逻辑系统。所谓的形式运算阶段,是皮亚杰提出的儿童认知发展的四个阶段中的最后一个阶段,形式运算阶段是由具体运算阶段发展而来的。

具体运算阶段,按照字面的意思理解,就是儿童在运算时,还不能脱离具体事务和事件,只能对现实进行运算。而形式运算呢,已经可以脱离现实,而在运算中运算了,也就是说他们能够通过抽象的事物和事件,找到他们之间的内在、新的、更一般的逻辑规则。而能够进行形式运算的一个典型特征就是,中学生已经可以进行假设——演绎推理。一个最明显的例子就是中学生已经可以进行方程运算,并且可以很好地理解方程的运用原理。而如果你试图让一个小学生理解方程运算时,一般是存在困难的。这是为什么呢?那我们来回顾一下方程运算的原理。一般来说,在方程运算中,我们会碰到未知数,假设最简单的情况,我们只有一个未知数 X,接下来,我们要做的就是列出含有 X 的等式。大多数学生碰到的困难是,这个等式是怎么得来的,而形式运算与具体运算的区别也就在这里。具有形式运算能力的人可以从可能性出发,走向现实。即,假设我们知道未知数是 X 的话,我们可以由此进行那些推论,最终找到符合题意的等量关系。而对于仍处在具体运算阶段的学生来说,他们所知道的现实是"未知数"是未知的,他们不能发现未知数可以等于"X"这个可能性,也就不能在此基础上进行演绎推理,从而解决问题了。具体运算的出发点是现实,而形式运算的出发点是可能性,并会继续回到现实。于是我们也许会遇到这样的小学生:"老师,为什么你要假设男生比女生多呢?我们班的男生就比女生少啊?"此时的老师也许会耐心解释"但存在这种可能啊?你看,如果我们假设男生比女生多的话,这道题接下来就可以这样",也许小学生会点点头,但他的心理更可能在想:"我们班男生是比女生少啊!为什么一定要假设男生比女生多呢?"当然,心理学家对儿童形式运算与具体运算之间的实验研究要比方程运算复杂得多,他们得出的结论是,面对一个问题,形式运算阶段的少年会依据可能性,对每个可能性都进行实验,然后得出结论;而仍处在具体运算阶段的少年,与形式运算阶段的少年比起来,他们的实验则不是系统的,并且会忽视一些具体材料所暗示的变化特征。

而形式运算阶段的第二个重要特征是命题思考,即他们能够评价命题的逻辑性而不需要参考现实环境。想想刚才的那个小学生,他就不能脱离"我们班的男生比女生少"这个环境来评价"假设男生比女生多"这个命题的逻辑性。而一般来说,中学生都可以判断,在假设情境"假设男生比女生多"这个命题可以在逻辑上是正确的,而不需要参考他自己班上究竟是男生多还是女生多。

当然,最近也有研究显示,形式运算阶段发生的时间并不是如皮亚杰所认为的那样发生在儿童 11 岁之后。也就是说,更小的儿童也许也具备了一定程度(但远不如更年长的儿童)的形式运算能力;也有大学生需要一定的训练才能具

第八章 懵懂而躁动的中学生——青春期的心理发展

备一定的形式运算能力，即形式运算能力不是简单的随年龄的增长而自动获得的，还需要一定的文化教育与联系，即其还受其他一些社会文化因素的影响。有研究表明，初一、初二年级的学生还处于经验型抽象思维阶段，即仅依靠抽象的概念，他们还不能顺利地展开和完成思维活动，他们需要大量的经验支持。中学生还不能像成年人那样自觉地展开理论型抽象思维，又如由于心理的不成熟，知识面的不开阔和能力水平较低，从而使他们的行为还在很大程度上受到兴趣动机的影响，较难用理智和意志要求或者说是强迫自己按照自己心里认为正确的要求去做。

以上观点主要是皮亚杰对儿童认知发展的看法，随着信息加工流派的发展，心理学家从信息加工的角度，对儿童认知发展的特点提出了一些新的看法。信息加工方法认为思维是一个复杂的、符号操纵的如计算机似的系统，并且这个系统是不断发展变化的。

在中学阶段，此系统的容量或大小在继续增加，但增长的速度比儿童时期要慢。所谓系统容量的增加即是人类记忆机制和记忆策略发展的结果，也是记忆机制和记忆策略进一步发展的原因。打个也许不太恰当的比方，中学生的大脑比起小学生的大脑，就像一个刚升过级的电脑，无论是硬盘还是内存，都有提高，当然，其性能也就更加好了。

对人类的信息加工系统来说，注意力决定了系统在面临任务和问题时所考虑的因素，因此，注意力是人类思维的基础。而中学生的注意力比起小学生来说，有着进一步的提高，并且变得更加具有控制性、适应性和计划性。如果你细心观察的话，会发现中学生每堂课的课时，比小学生每堂课的课时有所延长，而这，正是考虑到了学生们注意力的发展水平不同而特意设置的，充分体现了科学合理性，因此，可不要小瞧了这延长了的五分钟。系统容量的增大，为中学生记忆策略的发展提供了基础条件。

值得中学生高兴的是，在进入中学之后，他们的记忆策略将得到巨大的进步。而所谓的记忆策略就是我们用来增加新信息记忆的有意识的心理活动。心理学家研究发现，我们的记忆策略是从复述、组织和详述一步一步发展而来的。还记得小学时，为了记住心仪玩具的名称好让爸爸妈妈给你买时，在心中反复默念玩具的名称的情景吗？这时的你已经开始在使用"复述"这一记忆策略了。而在记不止一个事情时，仅靠复述已经不管用了，这时，你也许会采取将某些具有相似特点的东西归为一类的方法来记忆，而这就是所谓的"组织"记忆策略了。而一旦很好地建立了组织性，儿童就会更加灵活地运用记忆策略，也就是说儿童可以用多重策略技术来大大提高回忆效果。如研究表明，年龄更长些的儿童在回忆物体的名字时会采用语义组织性策略，而当要求回想物体的位置时则使用空间组织性策略；但是，年龄更小的儿童则往往只能使用一种策略。如果你想记住"老鼠"、"油"、"过年"这几个词，你会用什么方法来记呢？也许你会用"老鼠偷偷地到厨房偷油，想幸福地过年"。这就是详述记忆策略了。因为我们会发现，有时，有些信息不是那么好分类、好组织的。因此我们为这些一下子看不出什么关系的信息创造一个关系或者是他们共享的意思。这种策略是十分有效的，一旦我们发展出了这种策略，我们会倾向用这个策略代替其他的策略。而这种策略又是中学生的一个秘籍，因为直到中学，我们才能发展出这种策略。而这也是为什么，虽然中学生比小学生大不了多少，但看起来要聪明很多的原因。

第三节 青春期的情绪发展

中学时期，少年的内分泌腺机能也开始迅速增长，体内分泌激素的量也在大大增加。而内分泌腺机能的迅速增长，让少年的神经系统处于十分兴奋的位置。因此，我们经常可以看到，中学生特别容易激动、急躁甚至是冲动。有些家长会觉得，上了中学的小孩，在家里就像一个好斗的小公鸡一般，爸妈刚说了他一两句，小孩就已经激动得不得了，为自己辩护或者生爸爸妈妈的气。而且这个时候，同伴之间的冲突也特别多。常常只是因为很小的事情，因为双方过度激动或急躁，女生很可能就吵起来了，而男生呢，则有可能已经打起来了。老师来解决这些问题的时候，将打架的那个男生拆开，可以发现，他们的脸都涨得通红，一个个气呼呼的。如果了解到中学生神经兴奋的特点，让学生独处一会儿，让他们冷静一下，再来调节纠纷，效果会好很多，因为这个时候，学生已经不那么兴奋了，可以比较理智地分析问题。互相道过歉之后，孩子们又可以玩得很好了。如果在孩子们很激动地争论时，老师也很激动地批评学生，会让学生更加的激动，这样的结果只能是吵得更凶。学生对处理问题的老师也会产生很不好的偏见。

中学生正处于身心各个方面迅速发展的时期。在社会各种关系和因素的作用下，中学生的心理出现多种矛盾，表现在情感上则是：中学生各种各样的需要虽然日益增长，但是他们对这些需要的合理性认识水平不高，于是产生了自己的想法和实际生活之间的矛盾。初中生尽管不像小学儿童那样掩盖不了自己内心的感情，但是由于调节、控制能力较差，仍然容易显示自己高兴或者伤心的兴趣。高中生在这方面就开始带有文饰的、内隐的、曲折的性质了。他们能够根据一定条件支配和控制自己的情感，形成外部表情与内心体验的不一致性。

中学生具有喜欢成群结伙的特点。我们常常会在学校门口，看见穿着校服的中学生三五成群地聊天，走路。尤其是十五六岁的中学生，无论男女都感到良好的同伴关系是人们相互关系中最重要的东西。人们从小就开始交朋友，那时候的同伴关系基于共同的兴趣爱好，一般情况下关系也不那么稳固。中学生的友谊逐步深刻、稳定，有一定的选择性。他们不仅选择兴趣爱好相同的人做朋友，而且还倾向于找性格、信念相同的人做朋友。由于中学生自我意识的发展处于探索阶段，朋友之间关心内心世界，互相倾诉内心的秘密。有调查表明，在500名普通青少年中间，遇到问题时，有19.5%的被试宁肯向朋友倾诉，而不愿意和父母商量。

中学生交友的一般途径是同学、校友、邻居，其中最广泛的交友途径是同班同学，大家朝夕相处，彼此互相了解，并能够相互帮助，相互支持，这是良好同伴关系产生的基础。这就决定了朋友之间的年龄差异很小，一般不超过两岁。当然也有人喜欢与年龄稍微大的人交朋友，而与年龄小的人交朋友经常是出自对他们的关心与帮助，只能作为与同龄人交友的一种补充。

近年来随着互联网的广泛应用，网友也成了一种新的交友形式。虽然，家长和老师强烈地反对中学生上网，更反对中学生结交网友，但是仍无法抵挡神秘网友间的秘密见面。现代都市青少年的生理成熟往往与心理成熟滞后形成矛盾，生理心理发展需求与社会教育要求也形成了矛盾，这些都会使青少年难于形成正确的自我意识，难于建立起良好的人际关系，易使青少年产生各种心理困扰，以上问题都将对青少年的网络行为产生重要的影响。

在互联网中，青少年可以找到自己存在的价值，并通过丰富的网络行为满足其自主、成长、表现自我、社交、体验新奇变动等心理需要。尽管青少年的内心需求与表现出的网络行为有时是非常矛盾的，比如：他们渴望着能独立思考却又往往容易偏听偏信（他们会对在网上看到的小道消息津津乐道并到处散布）；他们渴望着被人尊重却往往又不知道如何自尊自爱、如何尊重他人（一些人经常以粗俗语言与他人聊天甚至攻击对方）；他们对社会的黑暗面深恶痛绝，但自己身染其中而不自知（浏览传播黄色网页等）。但互联网还是成了青少年满足其发展需求、体现自身价值的重要阵地。

在青少年成长过程中，他们会极力表现出自身的主动性与积极性，他们对现实生活中的任何事物、各种活动都会去主动探索、积极尝试，艾里克森说过，这是他们心理发展的一个自然组成部分。在青少年的网络行为中，我们可以很明显地看到这些特点，他们任意遨游在互联网中，主动寻求各种信息，体验网络行为所带来的种种快乐，使其主动性、积极性得到了很好的发挥，尽管在此期间可能会出现一些失德行为甚至有害举动。

现实中，越来越大的学业竞争压力以及经常性的挫折体验也容易造成青少年勤奋感的扩散，即使他们的勤奋感觉崩溃，无法集中于工作和学习，不少青少年因此就转向互联网这种单一的活动，如上海每年都有几百名大学生因沉溺于网络而被除名。因为在互联网上自己可以随时调整受压状况，并随时感受到因为自己的努力而获得的成功。

青少年在成长过程中迫切需要的是理解、支持与帮助，而教师、家长等成人在此更多扮演的是控制、要求、责备的角色，这使青少年与成人之间的交流产生了隔阂与障碍，从而促使青少年去寻求其他的交流渠道与空间。互联网将使青少年的这些需求得到很好的满足，他们能在其中找到自己的归属，体验自己成功的喜悦。在网络中失败了可以再来，而没有了别人的严厉指责；自己的种种不快可以尽情宣泄，而不用担心别人的冷眼相待。

第四节 青少年自我意识的发展

自我意识是主体对自身各个方面的观念、认识的意识，是人的高级心理活动，是意识的一种形态。它主要包括三个层次：对自己思维、情感、意志等心理活动的意识，有自我观念、自我知觉、自我体验、自尊心、自豪感、自我监督、自我调节、自我控制等，其形式的前提是主体认识能力的发展，主体把自己从客观世界中区分出来，分清我与物，我与非我的关系。自我意识的产生和发展大概经过以下几个阶段：把自己与自身的动作区分开是自我意识发展的最初表现；把自己的名字看作自己的信号是自我意识的产生标志；掌握代词"我"并区分"我"与"你"，"我"与"他"这是自我意识发展的标志。

自我意识的发展过程是个体不断社会化的过程，也是个性特征形成的过程，其成熟的标志是个性特征的成熟。青少年期通常被认为是既有变动又在巩固的时期，从自我意识的发展来看，由于认知水平的提高自我意识的内涵更加复杂，外延更加扩大，自我情感体验更加深刻，自我控制能力不断增强，但这种发展的进程不是平稳的而是一个波浪式前进的过程。青少年自我意识发展的过程实际上就是社会化的过程，在社会关系中获得适应社会生活所必需的社会经验和社会技能，建立起社会关系。一方面青少年必须掌握和理解一系列的社会行为规范，通过社会比较来认识自我、评价自我；另一方面还必须按社会行为规范行动，控制自我以达到自我实现。影响青少年自我意识发展的社会性因素很多，其中最主要的是家庭、友伴、学校三个方面。

一、家庭对青少年自我意识的影响

青少年的独立意识使他们常常有抵触和背叛的行为，如用否定的语言来表示本人的态度，规定自己的所作所为是父母反对的，他们的决定是父母态度的对立面。但实际上，他们的作为和评价还是取决于父母的观点和意见，只是以一种否定的方式出现，这被称为"否定性依赖"是既要抵制父母的意愿又想依靠父母的一种妥协形式。然而父母的行为对青少年的影响是潜移默化的，青少年自觉地模仿家长的行为，以他们为榜样努力成为像父母那样的人，父母的价值观对自我认识的影响最大。杜万在对3000名美国青少年进行调查的结果表明，父母和青少年在婚姻大事、日常安排、业余活动、音乐爱好等方面矛盾很小，从主要的价值观来看，几乎没有什么差异，可见，父母的言传身教是青少年自我认识的一个参照标准。

爱尔德在最初的研究中将家庭中父母控制类型分为三种：强权型、民主型、放任型，这些控制类型对青少年自我意识的引导有明显的关联。民主型父母管理下的青少年的自我价值感最强，而在自我决策上毫无发言权的青少年自我价值感最弱；在民主型的家庭中，青少年往往可以和自己的父母保持最好的关系，可以参与决策，能够培养出独立性、积极性、主动性和社会责任心。这种家庭形态下的青少年的行为常常是坚强的、始终不渝的，同时又是机智合理的。家庭中父母的权利分配对青少年的影响最大，研究表明父母平分权利的家庭青少年最尊重父母，家庭结构完整的青少年的自我价值感最强，家庭不仅提供自我意识的示范，而且在青少年从童年向成年转变的全过程都显得关系重大。

二、友伴关系对青少年自我意识的影响

青少年的人际关系中，友伴关系占有特殊重要的地位，对自我意识的各个方面起着关键作用。青少年日益增长的独立意识驱使他们远离家庭而转向与自己年龄相似的友伴群体，这种自发组成的非正式群体形成的主要基础是心理结构上的一致性，比如兴趣一致，脾气相投，性格相似等，虽然友伴的组成没有任何强制力量的参与但是友群的成员们都有较强的群体意识，表现出明显的从众性。

在与友伴的自由交往过程中，青少年的个性自我表现出来，通过这种自我展现同友伴建立起联系，渐渐升华成某种属于自己的需要，当自我表现得到肯定时便感到自我满意，提高了自信心，产生较高的自我价值感，因此，青少年更注重朋友的评价和意见。这种作用方式主要是从众、暗示和认同，尤其是当群体作为参照被个体接纳时，主体的价值标准便很容易被客体接纳并化为自我的价值观念，这一内化过程改变了客体原有的自我价值感。这种平等的交往中还存在着友谊、合作和竞争，学会合作和共享以及帮助他人也促进了自我意识的发展，相比较之下，朋友较多的青少年

更有责任感,显得独立和有成熟观点,而不良友伴关系的青少年则有较强的孤独感,会不自觉地产生攻击性行为。

友伴群体还影响自我控制,当青少年作为群体的一个成员时,他的行为方式必然要受到群体内部行为规范的影响,这种顺从的需要是在青少年成长中自我同一性的矛盾调整中表现出来的,顺从程度还受到友伴群体内的地位和自责度的影响。一般女生比男生更容易顺从群体的行为规范。这种顺从的心理机制主要是群体压力,任何一个群体成员一旦违背了群体规范,便在心理上受到一种强大的压力,比如在群体中遭到谴责,受到冷淡或疏远等,由此可以迫使成员改变自己的行为而顺从群体规范。

在与同伴的交往过程中,青少年担任着各种社会角色,他们必须仔细思考全部积累起来的有关他们自己以及社会的知识,最后运用于交往中,这就完成了自我同一性。青少年社会化的过程中追求自我认识、自我增强、自我提高,使得他们有条件去选择比较目标和互动伙伴,以最大方式获得自我收获,通过社会互动满足自我实现,由此,自我意识上升到了一个新的水平。

三、学校对青少年自我意识的影响

学龄前阶段,对儿童起重要作用的是家长,入学以后,教师开始发挥超越父母的影响力,这就意味着,教师看待学生的态度和方式是学生自我意识形成的一个重要因素。教师不仅对学生的自我认识的发展起指导作用,而且会由此影响学生的实际自我状况,教师的指导包含对学生的认识和期望,根据自我实现的预言效应,学生倾向于接受教师的指导,并部分地按教师的期望学习。教师按自己的期望程度把学生进行分类，在此基础上进行课堂教学行为，学生在与教师的交流中觉知教师的期望和态度，以及教师行为的特殊含义，影响学生的自我价值、自我期望。

  各年级青少年自我意识的发展存在着不平衡现象。这与青少年认识水平和过去经验的积累有关。随着青少年对自我探索的不断深入，对自己的评价标准也逐渐趋于客观、深入、全面，能在社会比较以及自我反省中正确估计自己的价值。影响自我价值感的最突出因素是学业成绩，学业压力大时学生就会作出贬低自己的评价，激烈的学习竞争及可能的淘汰使他们开始对自己的能力产生怀疑。可见，学校教育对青少年自我意识的发展是举足轻重的，然而以学业成绩来作为标准衡量自我将会使大多数学生产生挫折感以致情绪沮丧，这种负情感将会影响学生的社会化水平。因此，教师应指导学生树立良好的人生观、价值观、世界观，对学生进行素质教育而不是"以分数论英雄"。

第九章 独立性与亲密感谁与争锋
——成年初期心理的发展

成年初期是由青年期过渡到成年期的最后阶段。斯普兰格（E.Spranger，1924）将青年期形容为"第二次诞生"。由青年初期的自我发现到青年中期积极对自己的生活进行设计，再到青年晚期社会生活领域的扩大，都表明了青年期既是人格形成的时期，也是自我意识蓬勃发展、社会生活领域迅速扩大并走向成人的重要时期。

我们很难划分出孩子成人的绝对界限，这并没有适合所有人的唯一标准。在一些文化中，才十几岁的年轻人就要开始承担起成人的全部责任，并享有成人的基本权利；而在一些国家中，无论男女青年都和父母生活在一起，直到三十来岁才开始独立生活。随着受教育时间的延长，平均的毕业年龄在逐渐增高，这也使个体开始就业和结婚的时间延后。

以往的研究发现，受教育预期经常会影响到青年人进入其他角色的时间和顺序，所以人们对于那些影响受教育预期的因素非常感兴趣。研究表明，在决定个体受教育预期的因素中，家庭扮演着非常重要的角色。中国的父母更倾向于让孩子接受更多的教育，因此在受教育机会日益增多的今天，更多的孩子走进了高等学府，而推迟了独立承担社会角色的时间。因此，许多青年在学校中开始思考向成年初期转化的问题。成年初期的青年，特别是大学生，虽然已经脱离了孩子的群体，但尚不能履行成人的责任和义务，是介于两个群体边界上的人，即"边缘人"（marginal man）。其典型的心理表现是内心矛盾、抱负水平不确定和易采取极端立场。

这一章中，我们将讨论一下关于个体在成年初期的生理、认知、个性上的发展。

第一节 成年初期的生理变化特点

成年早期开始随年龄而发生几乎不能察觉的变化。除了脑，肌肉、骨骼及内部器官都在18—30岁期间达到最高水平。胸腺和其他淋巴类型组织在青春期以前已经达到最高水平，随后即逐渐衰退。因此，当身体抵御大量看不见的细菌的自然机制衰退时，就需要其他防御系统来补充，例如预防接种、卫生条件的改善、应激处理、营养、疾病的早期发现和医疗保健的改善。

脑细胞的生成到一岁时已经完成90%—95%，伴随髓鞘的形成，脑细胞到三岁时似乎全部完成，这些都是增加神经冲动的速度所需要的物质基础。青春期的大部分时间，脑细胞、树突和神经胶质的相互联系不断增强。脑通路的这些发展似乎促进了人体各信息中心的联系，因此也就产生了

第九章 独立性与亲密感谁与争锋——成年初期心理的发展

复杂的、相互关系的更多种组合。对动物的研究揭示，这些信息相互联系的数量的增加或减少取决于环境刺激的数量和质量。对人的研究显示，在20—80岁期间，人的脑重大约减少7%，不过那些在20—90岁期间在认知上保持积极状态的脑力劳动者除外。

人的身体在20—25岁期间达到生理和知觉能力的顶点，体力继续增加到近30岁。进行大多数体力活动和运动的能力在成年早期达到最高水平。坦纳在对进行极其激烈运动项目中的137名奥林匹克运动会冠军的分析中发现，只有21位运动员的年龄在30岁以上，18岁以下的只有一位。赫尔希报告说，一个人能够在不感受疲劳的条件下达到的最大工作效率在大约35岁时开始减退。

第二节 成年初期认知发展的特点

在观察力方面，成年初期个体具有主动性、多维性及持久性的特点，既能把握对象或现象的全貌，又能深入细致地观察对象或现象的某一方面，而且在实际观察中，观察的目的性、自觉性、持久性进一步增强，精确性和概括性也明显提高。

在记忆力方面，对于成年初期的个体来说，虽然机械记忆能力有所下降，但成年初期的前一阶段是人生中逻辑记忆能力发展的高峰期，其有意记忆、理解记忆占主导地位。

在想象力方面，成年初期个体想象中的合理成分及创造性成分明显增加，克服了之前阶段想象的过于虚幻性，使想象更具实际功能。

思维发展方面，成年初期的思维方式以辩证逻辑思维为主，辩证逻辑思维以形式逻辑思维为基础，又是一种超越，其本质在于对现实本质联系的对立统一的反映，既反映事物的相对静止又反映事物的相对运动，既反映事物的相对区别又反映事物的相对联系，在强调事物确定性的前提下，承认事物的相对性、矛盾性和发展性。

这时候他们开始面临求职和升学问题。选择什么样的专业、职业成了这一阶段个体最重要的问题，因为它关系到个体未来的生活道路。但是，个体的职业选择和升学选择，并不完全取决于个体本人意愿，它受到个体主客观大量因素的制约，比如个体过去的经验、家人的意见、个人兴趣、个性特点、能力高低或倾向以及用人单位的需求、条件等等。所以，成年初期的个体一定要对自己采取审慎的态度，仔细对自己各方面的特点进行评估和衡量，详细分析主客观条件，借鉴前辈的经验和教训，最后做出自己的抉择。

第三节 自我的形成

当青年们做出影响其生活的重要决定时，他们就会更加牢固地树立他们的独立身份观念——感觉到自己是独一无二的个体。自我同一性的形成，不仅对独立感的获得至关重要，而且也是把自己同父母和他人区别开的重要方面。自我的形成是成年期生理成熟、心理成熟和社会性成熟的综合标志。自我的形成是经过少年期的独立意识，成年初期现实自我与理想自我的分化，整合过程之后得以完成的。导致自我形成的原因可以包括以下几个方面：急剧的身体成

第九章 独立性与亲密感谁与争锋——成年初期心理的发展

熟导致自我关注身体的内驱力以及内部需求；社会人际关系的扩大导致自我的社会比较，从而引起对自己天赋的关心；知识经验的丰富和思维能力的发展导致对自己行动的因果关系以及人生意义的思考。

自我的形成是以自我同一性的确立为标志的。"同一性"一词是埃里克森描述人生发展八个阶段中第五阶段的一个概念。青春期个体体力和情感上的急剧变化，以及同步增长的对成熟行为的社会期望，使青年个体开始努力寻求其个人同一性。他们必须把一些特别重要的特征，如新的身体特征、新的能力、新的感情和新的角色同自身早期的儿童身份结合起来。年轻人通过询问和探索成人生活可以选择的方式，努力地把新特征融合为一个统一的整体，从而在新的水平上获得自我同一性。相反，如果个体对于已经发生的变化和可供选择的生活方式感到不知所措的话，就会体验到自我角色的混乱。

自我同一性形成的特征包括：① 独特感的发现。感受到自己是一个有别于他人的人，发现自我的差异性、独特性、强项、优势、特长等；② 整体感的获得。在现实自我与理想自我、过去的我与未来的我、自我评价与他人评价的互动中获得了对立统一的整体感；③ 自我同一性的确立是以形成明确的价值观、人生观和世界观为标志的，自我同一性是在社会化进程中进行价值观选择，形成独立人格的过程。

另一种对成人初期自我和同一性的研究，则关注可能的自我结构。可能的自我包括个体未来肯定的和否定的自我形象，它们被视为个人生活目标在个性上的具体化。可能的自我结构中自我在生命过程中的形成与变化，并且认为它是由个体创造的,而并不完全由环境塑造。个体的可能自我被视为个体目前行为的源动力,它反映了在一个人的心理活动中,目前重要的目标和影响母亲行为的目标。成人在他们自身知识的基础上(过去、现在的经历,将来的预期和希望),创造了可能的自我。当个体在某个生命阶段拥有同样一种可能与自我有关的个人体验时,某种可能自我也许变得更加突出。

令人感兴趣的是,在同一性和与个人最重要的可能自我相关联的活动之间,有相似的发生过程。设想一下,那些热衷于更具探险活动的年轻人有了更高水平的自我认同感,同时也完成了与探险活动相关的过程,包括目标指向、具备更高水平的自我效能。与探险行为相似,一个人会从事那些与重要的可能自我相关的活动。包含目标指向和高自我效能的相关心理过程已经被发现可以预测出个体参与的与其最重要的可能自我有关的活动数量。

阿尔波特认为成年初期自我意识的发展包括有自我意识的形成、自我同一性、人格重构等。在积累了大量的机能成熟的健康成年人的研究资料之后,阿尔波特总结出以下一些结论性的意见:健康人的人格是不受无意识力量支配的,也不为童年的心灵创伤和冲突所左右。恰恰相反,心理健康者的功能发挥,是在理性和意志的水平上进行的。影响心理健康的因素,也主要是那些现实生活中正在发生变化和起作用的因素。

阿尔波特归纳出"机能成熟者"的六种心理特征:

自我扩展的能力

这就是说机能成熟者可以主动积极地参加各种广泛的活动。一个人对其实际活动(如工作与交往)和精神活动

第九章 独立性与亲密感谁与争锋——成年初期心理的发展

（包括理想、目标等）的参与性越高，其心理健康水平就越高。

与他人关系融洽

机能成熟者需具备对别人表示同情、亲密或爱的能力。这意味着，他们能够同别人起到真正的相互作用，对任何人都能表现出温暖、理解和亲近。这种能力可以使他们容忍别人的不足与缺陷。

情绪上存在安全感和自我认可

机能成熟者内心可以接纳自己的一切方面，不受个人的消极情绪支配，能耐受挫折、恐惧和不安全的情绪冲击。

具有现实的知觉

机能成熟者能够准确、客观地知觉现实，并且能实事求是地接受现实。如果知觉现实时予以歪曲，有时甚至失去同现实的接触，那么，这就是心理变态的一种表现。

良好的自我意识

机能成熟者对自己的所有优缺点都十分清楚，能准确把握自己的现实自我与理想自我，并能调整其相互关系。他们也知道自己心目中的自己与别人眼中的自己之间的差异。

有一致的人生哲学

机能成熟者都形成了个人专有的技能和能力，他们着眼于未来，有长期的奋斗目标和工作计划，对工作有使命感，而且全身心地投入本职工作，努力使自己在某项工作中做出突出的成绩。他们有一种一致的定向，为一定的目的而生活，有自己的人生信念或人生哲学，以确保自己在人生的道路上不迷失方向。

第四节 亲密关系的建立

在很大程度上,青年时期的成熟就是平衡两种相反需要(独立性与亲密关系)的能力所发挥的作用。个体没有一定程度的自主和独立性,将难以确立独特风格的兴趣和目标,最终可能会仅仅根据一种亲密关系来定义自己的身份。然而这样的亲密关系本身也可能受到威胁,例如对方可能会发现没有明确的自我意识的爱人是没有趣味的,缺乏创造性和方向性。而另一方面,亲密关系的缺失也会令个体陷入寂寞与绝望的境地。

根据埃里克森的理论,亲密关系无需身体或性方面的亲密。它存在于任何涉及两个成人情感义务的关系之中,无论他们是家庭成员、朋友还是情人。亲密关系使两个人结合在一起,但仍允许个体保留继续作为独立人的自由。当一个人防卫心理太重,而无法与其他人达成联合时,便会产生孤立。成功地解决亲密关系与孤立之间的矛盾,可以促生作为下一阶段标志的创造力动机,这种动机与生育和照顾下一代、乐于促进社会发展有关。

满足性冲动是促使青年投入恋爱活动的重要诱因。当性意识发展到热恋阶段,性欲需求日益强烈,前阶段弥散化的性冲动集中投射到选定的特殊对象上。出于性冲动的驱使,青年开始脱离群体化的两性活动而单独约会,这就是恋爱。

由此可见,生理需要对恋爱中的青年十分重要。正如前面对爱情心理结构的分析中指出的,性爱与情爱应该并重,忽略任何一个都没有好处。

性意识的发展要经过崇拜长者的阶段。此阶段的青年把某个异性长者当作终生恋人理想化、偶像化,只敢远远地看

第九章 独立性与亲密感谁与争锋——成年初期心理的发展

而不敢真正接近。此时的相思是一种纯粹精神的向往,性成分被压抑。崇拜长者阶段在青年身上留下深刻印象,直到以后的正常恋爱,往往也要经过这么一段理想化的相思。在恋爱的开始,许多青年不追求性欲的满足而是着重于精神的向往。在对方面前觉得自己渺小,不敢用生理的低级需要去亵渎恋人的神圣伟大。这本来是一个正常阶段。但如果长久陷在这个阶段,致力于用精神去压抑性冲动就不正常了。有些人在整个恋爱阶段坚持认为爱情是神圣纯洁的,从而不愿意承认自己对恋人的性要求,这是有害的。性冲动是生理现象,它不会随压抑而消除,只会在压抑中积蓄力量发动下一次冲锋。长久的压抑会造成剧烈的心理紧张焦虑。

社会文化在两方面有意无意地加深恋情理性的倾向。一是文学作品的影响。许多人投入恋爱的目的是为了尝试一下早已向往的被诗歌小说吟诵的甜蜜爱情。文学作品经常渲染爱情的纯洁神圣,加强了青年把爱情理想化的倾向。他们从诗歌小说中得出结论,认为纯粹的精神追求比低级的肉欲重要百倍,于是追求高尚神圣之物,贬低肮脏的肉欲。二是社会道德规范、教育方式的作用。禁欲主义性教育的一个重要特点是提供精神力量压抑肉欲:宗教提供的是原罪和上帝,哲学提供理性……成人社会又总是向青年灌输性有罪的观念。这些都不可避免地影响到青年的恋爱观。

羁留荒岛的鲁滨孙,为什么要培养出一个忠实仆人"星期五"?亲密关系对每个人来说都是不可缺少的,完全没有与自己关系密切的人交流往来,所带来的孤独是一般人很难忍受的。因此,鲁滨孙培养一个忠实仆人"星期五"就是为了满足自己交往的需要。

亲密关系的需要在青年前期开始显露。这时的青年不再像儿童那样满足于血缘带来的亲近,而有意识地结交一些个人密友。处于此阶段的青年正在发展迅速的关口,有许多烦恼不能也不愿向长辈倾诉。于是大多数人发现,如果没有一个可互相吐露心声的亲密知己,日子将很难过。到了青年中、晚期,亲密关系的需要进一步发展,此时的朋友已不仅仅是倾诉对象。人格的交流,背景的融会,这些对青年的交友影响都很大。进入大学校园,对大多数人来说意味着脱离以前的群体进入新环境。青年必须重新建立各种关系,排遣烦恼寂寞,通过交流完善自我……多重目的使青年对亲密关系的需求空前强烈。

亲密关系发展的顶点就是爱情。除了父母,青年恐怕不会承认有比恋人更亲密的人,而且恋人间的亲密在某些方面是父母子女间的关系所比不上的。因此,对亲密关系的追求把孤独的青年引向恋爱是极其自然的事。心理学家沙利文指出,亲密关系和性冲动最终结合成人类的情爱,"所有这些重要的相互联系的倾向……这在青年早期变成对亲密关系、友谊、认可、私下交流的相同需要,以及以更精细的形式与一个异性建立恋爱关系的需要。现在这是一个最终联合起来并具有意义的大结构"。

不过,由亲密关系需求导致的情爱可能会出现一种危险——把亲密关系需求与爱情混为一谈。青年(尤其是刚进校门的大学新生)对亲密关系的需要很强烈。当他极其缺乏亲密关系,某个异性与他交往便满足了他愿望时,青年不一定能分清亲密关系与爱情的区别。友谊一类的亲密关系表现为亲近、信任和互惠,爱情亦如是。虽然心理学家发

第九章 独立性与亲密感谁与争锋——成年初期心理的发展

现友情量表和爱情量表得分的相关并不高,两者确有差别,但清楚地分辨它们并不容易。尤其是当一方有强烈错觉时,更可能把另一方的友谊信号误认为爱情。把爱与友情混淆是造成单相思的一个重要原因。

亲密关系的需要吸引青年参与恋爱,但有时青年不去恋爱却是由于对亲密关系的恐惧。为什么会产生这种双重而相互抵触的作用呢?

因为亲密关系是成熟的表现,它"要求亲近、信任和互惠,而且只有在双方具有处理这些需求的力量和成熟时才能实现。当真正的亲密关系培养起来之时,会将双方中的一位或两位的弱点带进这种关系。这些弱点在以前单独或假亲密时不会注意到。这些已有的弱点绷紧双方的关系,有时甚至毁掉它。因此……即使在青年最有意义的体验中,亲密关系也会暴露出成长中的个性的最弱和最不想看到的一些方面"。对于那些自我概念发展不成熟的青年,暴露自己的弱点是致命的。他们宁愿蜷缩在自己的圈子里,出于暴露缺点的恐惧不去涉足亲密关系的较高层次。

因为对亲密关系的惧怕而不去恋爱给青年的正常心理发育带来很大缺陷。亲密关系体验在自我力量形成方面是必不可少的:自我同一性需经过与人深层接触交流才能建立;自我概念的完善需接受另一个自我的评价干预。对于那些自我发展还不成熟的青年来说,恋爱对他们的影响利大于弊。当青年为了爱情的甜蜜而解除对亲密关系的恐惧时,他们的自我就在恋爱中得到有益的锻炼而成熟起来。

影响亲密关系的又一重要因素是归属与服从。归属和服从的需要是作为社会存在物的人最重要的需要之一。人从属于社会,总要归于某个群体,得到他人的承认。完全脱离社会，一段时间内不能与社会交流的人也在自我认识中保持某种归属感。鲁滨孙的十年荒岛生涯就是在把自己看作拓荒的白人社会英雄中度过的，他甚至在那儿建立起模拟白人社会的小天地。马斯洛把归属感和爱摆在一起，认为它是在安全需要之后的需要层次。由此可知其重要性。

归属需要促使青年向群体认同。群体活动增强了男女青年的交往机会，对群体的共同归属（尤其是一些很小的群体）又增强了两人之间的人际吸引力，进一步的发展便可能导致恋爱。归属和服从也会使青年直接导向恋爱。因为恋爱双方是一个亲密关系极强的小圈子。在恋爱中，恋人能感觉到自己属于另一个人，被另一个人爱抚关心的滋味。两人共同分享所有的东西：财产、感情、秘密。恋爱能直接满足归属和服从的需要。

热恋中的情人经常共享很多东西，如金钱、贵重物品，而一旦恋情破裂，就会产生诸如财产分割、物品归还等纠葛，处理不好，会带来很多问题。有时候，对群体的归属需要也会破坏恋爱。因为归属需要要求青年得到群体的认同。仅仅在恋爱的二人世界里不一定能满足它。于是青年投入各种群体活动。但恋爱具有排他性，恋人要求对方只属于自己。如果双方归属的群体不一样（这在男女之间很容易出现，两人的爱好不可能完全一致），就可能造成矛盾，引起一方的不满而危害两人关系。

如何处理好恋爱与其他事务的关系是大多数恋人的艰巨任务，处理不当会造成严重心理紧张。此时求助于长辈和心理咨询医生的帮助是有益的。

第五节　长久亲密关系的维持

随着一种关系中一方伙伴的成长与变化,关系本身也要成长变化。青年们时常提出的两个关于爱情的问题是"我们的爱会长久吗?"或者在某些情况下提出"为什么我们之间的爱会消逝?"把亲密关系视为一种不间断的发展过程而非一个固定状态将有助于回答第二个问题。

成年初期的另外一个重要生活任务就是发展亲密的人际关系,寻找生活的伴侣,建立家庭,养育子女。当个体有了比较稳定的职业以后,当个体的身体发育达到成熟以后,他们就会产生组建家庭和亲密关系的需要,婚恋关系就是在这一时期发展起来的。埃里克森认为,成年初期的主要发展性矛盾就是亲密关系与孤独之间的矛盾,当个体顺利解决了这一矛盾,他们就能够正常地向前发展,否则就会产生心理障碍,成为冷漠的、不能正常表达自己情绪的人。

建立家庭以后,年轻的夫妻所面临的任务当然是生育子女。为人父母既能体验到育儿的快乐与满足,也能体验到做父母的艰辛与付出。这一切,对成年初期的个体来说,是一项艰巨的任务,因为这时大多数的年轻人刚刚参加工作,经济状况不一定很稳定,心理发展的水平也不一定达到了完全成熟,家庭与工作之间的冲突、亲情与事业之间的矛盾常常出现。所以,这时对于年轻人来说,是一个重要的生活的转折,充满了困难和压力,使他们从单身生活转变为家庭生活,开始学着承担家庭和社会的责任。

顺利走过恋爱关系的朋友们,便走上了新婚的殿堂,新婚第一夜是性生活的开端,也是夫妻之间进一步深入了解和相爱的最重要途径,夫妻双方都把对对方的炽热深厚的爱融于交合之中。但又因是初次交合，一般都因一些共同的心理特点，不同程度地影响性欲和性快感，导致初夜的成功或失败，而深深铭刻在终生或甜蜜或苦涩的记忆之中。

性心理上的差别。由于生理特点的不同，男子在婚前就有强烈的从肉体上与自己心上人结合的愿望，新婚之夜，便容易表现得迫不及待地要与妻子性交。在这种强烈性欲的冲动下，有时也会出现粗鲁、近似无礼的举动。在第一次性生活中男子几乎毫不例外地处于主动地位。女子则不然，她们在相当长的时间内仅仅是陶醉在精神上的交流和心灵的融合上。对于性生活，从心理上有羞涩感和紧张感。

羞涩感。由于受传统观念等因素的影响，即使是长时间热恋的情侣，初次性交双方也都会带有一定程度的羞涩感，而这种羞涩感女性又重于男性。丈夫应该主动通过动情的话语和爱抚打破这种羞涩的气氛，排除性交前的心理障碍。

紧张感。新婚夫妇初次性交，因缺乏性知识和性体验，不可能"无师自通"，在心理上很容易产生一种自我紧张感，如性交不顺利，或因处女膜的破裂而产生的出血和疼痛，则会进一步加强这种紧张感。这时尽量排除情绪干扰，学会自我放松，对于初次性交成功和提高性快感就显得十分重要。另外，丈夫动作要轻柔，善于体贴照顾，防止粗暴，对于消除新婚妻子的紧张情绪则更为重要。

满意感。新婚夫妇初次性交，如果顺利，凡是和谐、欢愉的，就会获得满意感，品味到新婚的幸福和甜蜜。如果不顺利或难以实现，有人就会产生失望感。如果反复如此，就会影响甚至动摇美满婚姻的情感基础。

这时要特别提醒新婚夫妇，由于和谐满意的性生活受生理、心理多种因素的影响，不是单凭主观愿望就能实现的，

第九章 独立性与亲密感谁与争锋——成年初期心理的发展

新婚之夜初次性交不顺利是常事,新婚夫妇一般要经过3—4周之后才能达到满意性交的程度。千万不要因一时不顺利,不满意就灰心失望,不能抱怨妻子不行或丈夫无能。正确的态度是,双方应降低初夜期望值,通过不断总结经验,改进方法,密切配合,在最短时间内结出满意之果。

在一段亲密关系的全部过程中,夫妻双方的互动模式会发生改变。因为两个人都在不断发展,交流方式与冲突解决方式也有所变化。一项研究考察了多对第一次结婚的新婚夫妇在婚后第一年中情感与行为方面发生的变化。其中最令人瞩目的变化是:一方所说的或所做的,能令对方感到高兴的事情在数量上减少了。例如相互赞美、说"我爱你"或者做一些能令对方发笑的事。研究发现,夫妻间令人愉快的活动在总体数量上下降了40%。两个人花很少的时间谈论他们关系的质量,或做出改变行为的努力,或解释他们的要求和关心对方的要求。

在一个对新婚夫妇进行为期6年的追踪研究中,发现了在持久、幸福并且稳定的关系中情感是至关重要的。观察中发现,这些新婚夫妇曾探讨过他们的婚姻中持久的不和谐的产生根源。在这一时期内被记录到的情感与行为,与6年后是否仍保持婚姻关系,且可以提前区分出6年后幸福的夫妻和不幸的夫妻,虽然幸福的夫妻在冲突发生时会像新婚夫妻一样生气,消极地互动,但这些夫妻更有可能使用肯定的情感(即幽默、爱、兴趣)来消除冲突情景中的消极互动。尤其是新婚的丈夫们很少愿意扩张消极互动,且更乐于承认妻子在他们关系中的影响力。妻子们则更乐意使用幽默来抚慰自己的丈夫。

第十章 创造与责任是压力还是动力

——成年中期的心理特征

子曰：吾十有五而志于学，三十而立，四十而不惑，五十而知天命，六十而耳顺，七十而从心所欲，不逾矩。说的是30岁以后由受家庭、社会支撑转变为支撑家庭、社会。这之前还没有"立"仍有家庭与社会的支撑，这之后则要考虑成家立业了。我们把中年定义为开始于30—35岁间，结束于60—65岁这个时期。但是我们认识到，在现今的社会中存在着态度与行为方面广泛的变化，我们也要承认，以实足年龄来定义不同的发展时期是存在一定局限的。

成年中期的年龄是相对的，不是一成不变的。这是因为随着生活、医疗水平和条件的改善，人的平均寿命在不断延长，划分青年、中年、老年的年龄界限也随之改变；此外，在具体研究过程中，研究对象之间由于生活的自然条件、生理条件、地理环境、生活方式、生活水平、个人修养、文化氛围等的不同，即使是年龄相同，其健康状况和衰老程度也可能相差很远。

第十章 创造与责任是压力还是动力——成年中期的心理特征

成年中期作为人生历程中的一个阶段，与其他阶段一样，有着自己的特点。它由青年而来，向老年而去，其间无论是生理上还是心理上都会发生一系列的变化。这些过程所反映出来的生理、心理特征就是中年期的发展特点。本章主要围绕中年期生理、心理、智力、人格、生活等几个方面来阐述成年中期发展特点。

第一节 成年中期的生理变化及其特点

中年期有一个重要的生理变化时期：医学上称为更年期，其生理变化主要表现为：性腺功能开始衰退，第二性征逐渐退化，与性激素有关的组织退化，内分泌、植物神经功能紊乱，导致更年期综合征。

35—60岁这一段时期通常被认为是中年期。中年期相对于人生发展的其他各阶段来说，变化并不明显，但是一般中年人自己却会明显地感觉到自己各个方面所发生的变化，比如，力量、协调性、体能、动作等逐渐下降或变慢，记忆力减退，反应变慢，眼花、耳聋等现象也开始出现。最明显的生理变化是身体发胖和女性的停经，进入到更年期阶段。成年人的生理变化给家庭生活和社会生活都带来了影响，由此也对心理产生了影响。

一、生理的变化及其适应

人到中年，感知觉开始发生明显的变化，先是听觉开始衰退，尤其是对于频率较高的声音，中年人往往听起来很费力；接着是视觉的减弱，许多中年人需要借助于老花眼镜才能够清楚地阅读；再后来，味觉、嗅觉等都有不同程度的衰退现象。除了感知觉的衰退，记忆能力、思维能力、解决问题的能力也随着年龄的增长在减弱，因此人们一般都倾向于认为，中年以后的智力也在下降。其实，对于成年人的智力问题，却不能简单地做出"随着年龄的增长而下降"的结论。近年来的研究发现，人的智力从总体上说，的确随着年龄的增长而衰退，但这通常是指流体智力，也就是那些以神经生理为基础，随着神经系统的成熟而提高的智力，比如知觉速度、机械记忆等；而与之相对应的是晶体智力，也就是指那些通过掌握社会文化经验而获得的智力，比如言语理解、常识等，这种智力非但不随着年龄的增长而减退，反而会增高。

二、更年期

1. 女性更年期

女性更年期是指妇女绝经前后的一段时期，即指性腺功能开始衰退直至完全消失的时期，其持续时间的长短因人而异，一般为8—12年，多数妇女的更年期发生在45—55岁之间，平均年龄是47岁左右。但有少数要到55岁左右才进入更年期。妇女绝经的早晚不但与初潮的早晚、生育状况有关，还与种族、家庭、气候、营养等因素有一定的关系。随着人们生活水平的提高，体质的增强，绝经期已出现了向后推延的趋势。

在更年期中，妇女的第二性征逐渐退化，生殖器官慢慢萎缩，其他与雌性激素代谢有关的组织也随之退化。在卵巢分泌激素减少的同时，正常丘脑下部、脑垂体和卵巢之间的平衡关系发生了改变，因而产生了丘脑下部和垂体功能

第十章 创造与责任是压力还是动力——成年中期的心理特征

的亢进现象,表现为植物性神经系统功能紊乱等一系列症状,如面部潮红、出汗、头痛、眩晕、肢体麻木、情绪不稳定、小腹疼痛、心慌、失眠、易怒甚至多疑等,这些症状统称为"妇女更年期综合征"。

虽然女性更年期综合征是由生理内分泌改变而引起的,但它不是唯一的影响因素,中年女性所处的家庭、社会地位及复杂的社会心理因素亦是影响因素,都对更年期症状出现的时间和反应有重要影响。临床研究发现,处于更年期的妇女,由于亲子关系的紧张、夫妻不和、工作不顺心等因素的影响,易表现出严重的精神症状。

更年期综合征的症状多种多样,这些症状主要是病人的主观感受、自我描述,具有移动性,没有恒定性、确定的部位,多受气候、环境、精神等因素的影响。

更年期是每一位妇女生命过程中必然经历的一个阶段,它的到来是自然生理现象。这个时期在部分妇女身上显现出来的症状是妇女生理现象改变以后的一种自然反应,经过半年到两年左右的时间,身体内就会建立起新的平衡,恢复正常的生理状况。因此,更年期的妇女应以科学态度正确认识和对待这种生理变化,消除顾虑、减少思想负担、排除紧张、消极、焦虑、恐惧情绪,避免和尽量减少不必要的刺激,保持精神愉快、心情舒畅,从而顺利度过生命历程中的这一转折期。

2. 男性更年期

中年人有了这么多的生理方面的变化,再加上他们的工作压力,家庭生活的压力(中年人通常是上有老,下有小,他们既要担负抚养子女的任务,又要承担赡养老人的义务),自己的健康问题(中年人由于生理方面的变化和工作压力的原因，常常忽略了自己的健康检查），就必须面临一个社会适应的问题。中年人最不能接受的可能最先是自己仪容方面的变化，如面部的皱纹、臃肿的体态等等，但是中年人必须承认自己的身体已经不像年轻时那么健壮，功能也衰退了，他们还必须接受生殖能力在逐渐减退和消失的事实。这些生理方面的变化是所有的中年人都不喜欢，但又是必须接受的，所以，他们一定要采取正确的态度来对待，来适应，解决这个危机。年龄的增长使男人感到危机四伏，整天感到疲乏、困倦，精神萎靡不振，常常有头痛背痛，周身不适，常常心烦意乱，甚至坐立不安，情绪变得不稳定，经常为了鸡毛蒜皮的小事呵斥下属或与上级顶撞。让他感到事事力不从心，工作压力也越来越大，人际关系变得越来越紧张，特别是夫妻的性生活变得非常糟糕。夫妻之间开始不停地为小事争吵，此一系列症状被称为"男性更年期综合征"。

"男性更年期综合征"不是规范的医学诊断名词，在美国和加拿大的泌尿系统专家称之为"老年男性雄激素减少症"，它指由于与年龄相关的雄激素（通常指血液中的睾酮水平）减少而引起的一系列症状和体征。主要表现为精神萎靡不振、疲乏、性欲降低、勃起困难、早泄、抑郁、焦虑、易激惹、睡眠障碍或嗜睡、情绪不稳定、神经质、热潮红、出汗、关节疼痛僵硬、周身不适等，还可以伴有骨质疏松、肌肉萎缩、力量降低、视觉功能降低等。国内许多公众媒体根据它与女性绝经期时具有相似的病因和症状，不太规范也不太确切地戏称为"男性更年期综合征"。

由于神经与内分泌两个系统是紧密相连的，内分泌的改变直接或间接地影响到神经功能，雄激素水平的下降导致神经稳定性大大下降，机体适应性的大大下降，导致抵御外来冲击的能力也下降，变得脆弱、多愁善感，情绪不稳定、恐惧、自信心下降，一些心理疾病自然容易发生，跟女性更年期容易患上抑郁、焦虑、植物神经功能紊乱是如出一辙。

第二节 成年中期心理能力的发展

一、心理发展日趋成熟

一般说来，人到 30 岁已成家生儿育女，生活方式初步定型，思想也安定下来，不再像青年时期那样充满憧憬，而是满怀信心，脚踏实地创立事业，故称"而立"之年。人到 40 岁，知识增多，见识日广，认识问题有了相当力度、深度，不再为表面所迷惑，遇事冷静，即使复杂事物也不致摇摆不定，故也称"不惑"之年。至 50 岁，经验更丰富，学识愈深广，处世更加稳重妥善，故又称"知天命"之年。所以，中年时期是成就事业的黄金时期。

此外，性格特征基本定型是中年人心理成熟的一大表现，即从以往成功与失败的经验教训中，保持着个人精神状态的平衡，以适应社会和环境的需要，安排正常的生活和学习，担负起社会和家庭的责任，以及处理学习、工作等矛盾。

二、智力的发展特点

中年人的单项心理能力，虽也是处在逐渐下降的过程中，但其全部心理活动能力的总合即智力，仍然在继续发展和成熟。主要表现在能独立进行观察和思维，具备独立解决问题的能力，情绪趋于稳定，自我意识明确，精力充沛，情感丰富，运动协调，感觉思维敏捷，判断力准确，智能高涨，注意力集中，记忆力旺盛，能适应和把握环境等。

1. 智力发展模式

卡特尔将智力分为晶体智力和流体智力。所谓的晶体智力是通过掌握社会文化经验而获得的智力，如词汇、言语理解、常识等以记忆储存的信息为基础的能力；流体智力是以神经生理为基础，随着神经系统的成熟而提高，相对的不受教育与文化的影响，如知觉速度、机械记忆、识别图形关系等。卡特尔与霍恩（Horn）一起收集了大量数据来揭示这两种智力的各自发展轨迹。他们发现，青少年以前，两种智力都随年龄增长而不断提高，在成年阶段，流体智力缓慢下降，晶体智力却保持相对的稳定。本世纪早期的一些理论家和研究者都确信，随年龄增长，生理功能退化，中老年人的智力水平也不可避免地呈现下降趋势，然而这种单调下降的智力理论随着研究的深入而受到置疑。智力是由不同成分构成的，各种成分的发展变化轨迹又是互不相同的。

2. 影响中年人智力活动的主要因素

社会历史因素：如前所述，中年人的年龄是比较大的，实际经历的社会历史事件较多，社会历史因素在他们身上产生的烙印也相对深刻。这种因素对智力活动的影响效应就是现在许多发展心理学家所说的"群伙效应"（cohort effect）。群伙是指同一时代的人，在营养、受教育水平、大众媒体的影响、科学技术对人们生活方式、生活风格的改变等方面是差不多的。不同群伙之间，其背景状况和经历不相同，在智力上也表现出差异。

职业：在生活中我们经常遇到这样的现象，同一个东西，从事不同职业的人会有不同的认识结论，如"C"，化学家把它看作"碳"，英语教师把它看成是英文字母。职业对人的智力的影响，不在于职业的种类，主要在于职业活动的性质，如进行活动需要发挥个人的主动性，需要运用个人的思想，需要个人进行独立判断等。

身体健康水平：健康因素可以影响中老年智力的观念已越来越多地为人所接受。在研究中老年人的智力时，我们必须考虑健康因素对智力的影响。已有的研究和经验资料表明，心血管系统和大脑两部分的病变对智力的影响尤为显著。

三、心理活动能力不断提高

人到中年，生理功能逐渐衰减，而心理活动能力却继续发展和成熟。具体表现在具有较强的独立解决问题的能力，精力充沛，情感丰富，思维敏捷，富有创造力，注意力集中，记忆力较强，能把握和控制情绪，能较好地适应和把握环境等方面。

中年人的自我意识明确，了解自己的才能和所处的社会地位，善于决定自己的言行，有所为和有所不为；对既定目标，勇往直前，遇到挫折不气馁；同时也有理智地调整目标并选择实现目标的途径。人到中年，稳定的个性表现出每个人自己的风格，有助于其排除干扰，坚定信念，以自己独特的方式建立稳定的社会关系，并顺利完成自己追求的人生目标。

第三节 成年中期的人格发展

人格发展进程是一个非常复杂的过程,尤其是成年期,由于家庭、职业、人际关系等因素的影响,比成年初期更为复杂。我们从以下三点来阐述成年中期人格发展的特点。

一、人格结构

在众多的人格理论中,奥尔波特和卡特尔的特质理论是比较具有代表性的。他们认为,人格特质是个体反应环境刺激时的一种内在倾向,它是由遗传和环境两方面的因素形成的,对个体有动机作用。如内倾、独立性等就是描述一个人的特质。

1. 人格特质

奥尔波特首先把人格特质分为个人特质和共同特质。个人特质是指在某个具体人身上的特质,而后者就是在群体中都具有的特质。他把个人特质区分为三种:基本特质、中心特质和次要特质。

卡特尔经过长期的艰苦工作,提出了著名的16种人格侧面:乐群性、聪慧性、恃强性、兴奋性、有恒性、敢为性、敏感性、怀疑性、幻想性、世故性、忧虑性、实验性、独立性、自律性、紧张性。

2. 人格结构的稳定性

人格结构的稳定性包括两层基本含义,一是人格结构的构成成分不变,二是各成分的平均水平不变。成年中期人格结构保持相对稳定。

二、自我意识

自我意识是人格的重要组成部分,它的发展变化不仅与人格结构的变化有着密切的联系,而且与人格发展水平也密切相关。

1. 成年中期对自己的内心世界日益关注

根据荣格的观点,在人格的发展过程中,有两种重要的倾向与年龄密切相关,其中之一就是内倾—外倾。内倾者重视主观世界,常沉浸在自我欣赏与幻想之中;外倾者重视外部世界,好活动,爱交际。综观整个人生历程,人的前半生的发展更多地表现为外倾性。而跨入后半生即中年期时,个体的心理倾向重新逆转,更多地表现为内倾性,他们不再有青年期暴风骤雨般的激情,往往变得老练持重,遇到挫折时,反省自问。

2. 自我调节功能趋向整合水平

自我不仅可以作为客体被认识,而且也可以作为主体发挥调节功能。从主体调节过程研究自我发展的代表人物是拉文格。拉文格认为,自我是人格的核心,了解自我的发展也就等于认识了人格的发展。所谓自我就是第一"组织者",是我们的价值观、道德、目标、思想过程的整合器,"自我是一个过程,努力去控制、去整合、去弄懂经验并不是自我的某种功能,而是自我本身"(拉文格,1980)。由自我负责进行的整合活动是非常复杂的,是受个人经验影响的。自我的发展是个人和环境交互作用的结果。自我的改变也意味着我们的思想、价值、道德、目标等组织方式的改变。按照拉文格的观点,自我发展既不单纯是序列的,也不单纯是类型的,而是两者的综合,即发展类型说:自我的发展既是一个过程又是一个结果。

第四节　成年中期的心理问题和心理危机与调试

中年人正值壮年向衰老过渡,而在社会、家庭中,都处于一个承上启下、继往开来的中坚地位,既要承担工作和事业上的重担,又要肩负赡养老人、抚育儿女的重任,从而成为负荷最大的人群;加上自身又正从人生的鼎盛向衰老转变,各种躯体疾病不时侵袭;由于渐感力不从心,而产生一种大好时光即将流逝的紧迫感,自觉或不自觉地加班加点,致使原来已遭耗损的身心,受到更大的伤害。中年期复杂而被忽视的性生理和性心理的改变,也往往会给中年人带来不可名状的苦恼。所以中年期的心理卫生问题是相当突出的。

一、中年人所承受的心理压力

1. 来自家庭的压力

中年人是家庭中的主心骨,他们在家庭生活中既要扮演丈夫或妻子的角色,又要扮演父亲或母亲的角色,还要扮演儿子或女儿的角色,多重角色的转换常使他们感到心理上的不适应。繁杂的家务,子女的教育,婆媳关系,家计的安排则使他们疲惫不堪。人到中年,往往容易对婚姻生活产生"厌倦心理"。夫妻双方从往日的罗曼蒂克到婚后的锅碗瓢盆,需要极强的适应能力,稍不留神,夫妻关系便会出现危机,矛盾丛生,家庭内部无休止的争吵与冲突会对中年人的身心健康造成严重伤害。

2. 来自自身的压力

人几乎是出于本能地不断提高自己的人生期望值。在许多人眼里,好像一生中最值得骄傲的正果都应该在中年时期修得,他们迫不及待地想在事业上有所建树,于是不断地给自己加鞭加压,不停地攀登追求,似乎稍有松弛,便会日过午头,以至弄得身心交瘁,疲惫不堪。

自身的健康状况也常给中年人带来不尽的心理压力。医学界称中年为"危险期年龄阶段",疾病发病率较高。人到中年,生理情况开始发生变化,内分泌失调,免疫力下降,身体各部件渐次磨损了,于是诸疾百患极易潜然而生。此时,若注意身心的各种锻炼,便能安然度过危险期,但许多中年人不能正视身体的各种变化,往往将身心衰退的某些征象看成是大难临头的征兆,成天为此忧心忡忡,给自己造成一种无形的心理压力,继而严重影响工作、生活。

3. 来自工作的压力

许多中年人是工作中的骨干,而来自工作中的各种矛盾却常使他们感到强烈的心理压力。工作中复杂的人际关系,如上下级的隔阂,同事间的摩擦等,都会使人感到情绪紧张,烦躁不安。现代社会科技的发展日新月异,知识更新节奏加快,要求中年人不断学习新的科学知识,以更新自己原有的知识结构,才不会落后于时代前进的步伐。人到中年,已不可能像年轻时那样精力充沛地学习,心力不济与工作中的紧迫感无形中使得中年人承受着极大的心理压力。

二、成年中期面对的各种矛盾冲突

1. 家庭与事业的矛盾冲突

夫妻关系和子女问题,是中年人最为牵挂和分神的事。家庭安宁有助于事业的发展,事业成功又有助于家庭稳定,家庭和事业对中年人的要求和期望往往形成一对矛盾,中年人在家中想成为一位好父亲、好丈夫、好子女,在事业方面又想有所作为，成为一个成功人士，但人的精力毕竟有限，所以家庭和事业造成的压力在所难免。

2. 渴望健康与追求成就的矛盾冲突

中年人希望自己能有个健康的身体，可以全身心地投入到所从事的事业中去，从而得到自我实现的满足，在繁忙的工作和高度责任感的驱使下，他们往往又无暇顾及自己的身体健康，忽视了疾病的早期症状，而延误了诊断和治疗的最佳时机。现实生活中，不少有才华的中年人，由于对健康的忽视，甚至带病坚持工作，导致积劳成疾，给家庭和社会带来重大的损失。

三、中年危机

中年期是一个从成年到老年的过渡时期，它面临着各种各样的转折和冲突。来自于自身生理变化方面、家庭生活变化方面和事业变化方面的压力构成了中年危机。

1. 生理与心理危机

这里有一个个案，他叫宇斌（化名），44岁，大学文化程度，做服装生意的，是一个颇有成就的企业家，事业上的成功，使他原本就很开朗的个性更加充满热情，好善乐施使他结识了很多很多的朋友。但年初时一次经历彻底地改变了他的生活，他当时亲眼目睹一亲密的中年好友突然重病去世，心里受到很大震撼，他突然感觉到死神就在自己的身边，接着他就出现了恐惧、失眠、头昏欲倒、胡思乱想、心跳心慌、坐立不安的症状，大有大祸临头、死期将至的感觉，终日惶惶不安，不敢外出，觉得全身乏力，精神疲倦甚至连下楼梯都觉得力不从心，注意力难以集中，记忆力减退，对外界兴趣减退，自信心大减，不能坚持工作，生活难

第十章 创造与责任是压力还是动力——成年中期的心理特征

以自理,社会交往缺乏,被诊断为焦虑性神经症(即焦虑症)。焦虑、抑郁、恐惧都是男性更年期容易出现的心理疾病。

无论是男性更年期综合征还是男性更年期的心理疾病,都属于男性的中年危机,主要与中年男性的生理与心理的转折有关,联合国教科文组织在一份报告中指出:从世界各国大量的统计资料看,43—45岁之间男人在生理上将发生巨大的变化,为此把44岁定为青年和壮年的分界点。由于生理和心理上的变化,使中年男人在工作、体能、性能力、思维、情感和人际关系等方面都发生显著变化。

随着年龄增长,性腺的功能逐步下降,也使维持机体重要功能的性激素水平开始下降。据世界卫生组织的报道,30岁以后,男性身体内的雄激素开始逐步下降,平均每年下降约1%—2%,该研究测试了从25—70岁的各年龄阶段男性,发现70岁男性体内的雄激素水平仅为25岁男性激素水平的10%。约半数50岁以上的男性,清晨血液中的雄激素水平低于正常;30%以上的50—60岁男性会因为雄激素水平过低而出现相应的更年期症状,或处于其他慢性发展的危险中。

由于男性雄激素的减低速度相对女性来讲来得比较缓慢,因此其引起的症状并不如女性更年期症状那样具有明显的阶段性。加之不同男性感觉症状的强度都不相同,部分男性可能预见或认同这种变化,比如预见到随着自己"变老"性功能一定会下降,或者认为性功能减退是随着年龄增长而"必然"出现的"自然变化",因而不加理会,结果反而导致问题越来越严重。

中年期是男性躯体疾病好发年龄,多事之秋加上家庭事业重负,使很多中年男性积重难返,性能力的下降更是导致心理上的挫败感。死亡恐惧、性无能恐惧是人生最大的两个恐惧，而在中年男性是最容易出现的，如何克服成为中年男性的最大挑战。

干预中年危机最天然最有效的方法，就是通过改变生活习惯来延缓雄激素的持续下降和发展中的更年期症状，例如适当地减轻体重、有规律地运动、调整应激紧张的心理状态，以及减少烟草与酒精的摄入。这些健康的生活习惯，有助于保持体内激素水平的相对"年轻"状态。

2. 中年危机的第二个方面是家庭方面的变化

人进入中年以后，家庭生活方面也会发生一些变化，最明显的是家里没有小孩子了。孩子们长大了，走出了家门，留下了孤独的父母，家里一下子变成了一所"空巢"。这时，那些过去把主要精力都投入到孩子身上的父母，一下子可能很难适应，他们也许会感到自己无用了，面对空空落落的家，他们也许会感到非常失落，生活好像变得单调无味。这种家庭生活方面的变化构成了中年危机的第二个方面。

3. 中年危机的第三个方面是事业方面的变化

中年时期也是个人成熟和事业收获的阶段，通常个人都取得了一定的成功，获得了一定的社会地位，拥有了一定的权力。但是研究发现，个体的工作满意度却随着年龄的增加而降低，这主要是因为个体在年轻时的许多幻想，在人到中年时已经基本上破灭了，人们这时会普遍认为自己已经定型，未来不会再有更大的发展前途了，于是就会对前程产生一种悲凉的感觉，而不是像年轻人那样，对什么都充满了信心。

四、成年中期危机的心理调节

1. 自我接纳

当你眼角爬上了皱纹,当你的头发由乌黑变得花白,当你的青春活力开始衰退,你要明白那是人生的必经之路;当你患上了高血压冠心病之类的常见病,当你从一个重要位置禅让退位下来,你应该明白那也是人生路上的九曲桥,你需要悦纳自己,接受这些挑战。

2. 理性对待、积极面对

理性对待自己所患的躯体疾病,理性对待一些挫折,当作是一种挑战,跨越过去就会有强烈的征服感和持久的满足感。相反害怕早衰、怕老、担心失去工作能力、悔恨努力工作未做出成绩、怀疑自己的能力以及害怕失去性功能等,反而是产生中年危机的原因。不一定站在前台的才是最出色的,有时幕后才是真英雄,年轻的时候在幕前,以形象取胜,中年以后幕后工作更能体现价值,智慧与经验更能得到发挥。

3. 发挥优势

人生在不同的时期有不同的卖点,中年男性充满智慧,生活经验丰富,社会经验丰富,性经验丰富,人格也更趋成熟。智慧、成熟、社会经验哪一样不是与中年有关?哪个国家领导人不是超过40岁的?中年的男性最有魅力,最懂体贴人,是幸福的缔造者,也是千万家庭的核心与支柱。

4. 春华秋实

为什么有些人说生活始于40岁,因为年轻的时候工作更多的是为了糊口,为了谋生,而中年以后才会有些积累,工作才是真正地为了实现自己的价值。著名心理学家荣格(G. G. Jung)说,人到中年之前,生活取向为适应和顺应外部世界，为生计而奔波，不知道自己走的路是否真喜欢；中年之后，人的生活取向为适应和顺从内在世界，重新认识自己，肯定自己。人生的顶峰体验是在自己的价值得以实现的时候才会出现，这样的生活才是真正生活的开始。孔子云三十而立，四十不惑，也就是说30岁才成为一个具有独立人格的人，40岁的时候，我们才最终超越了困惑，人生的玄妙才可能在某种程度上被洞察得更清晰。我们才可以明辨什么是重要的，什么是有价值的，我们才能够以更大的信心来把握先机，领悟人生至高的哲理。

第五节 成年中期的心身保健

一、成年中期的健康保健

人的健康包括生理的健康和心理的健康，健康的心理寓于健康的身体。人到中年，身体健康状态已开始衰退，因此，注意卫生保健很有意义。

1. 注意机体向主人亮出的"黄牌"与"红灯"

中年人一心扑在工作上，常常忽视疾病渐近的蛛丝马迹，如神情莫名的倦怠，周身莫名的酸软，头昏脑胀，气短心悸，无端郁忿，失眠多梦等等。其实这些症状都是机体向主人提出的警告，此时若能及时注意保健，就能防微杜渐。

2. 有规律地生活、节制和锻炼

这一被称为"保养学"的方法是德国著名哲学家康德创立的，他认为早睡早起是最佳的休息方式，无节制的夜生活是对身体的摧残。多进行户外活动，坚持锻炼身体的各个

器官，对身体健康极其有利，中年人无论工作多忙碌都应每天抽出一定时间进行体育锻炼，延缓机体的衰老，如晨练，包括跑步、做操、练太极拳等，适当进行一些球类活动，如门球、台球、健身球等；此外，像桥牌、游泳、钓鱼、象棋等体育活动都有助于调节生活情趣，有利于身心健康。

3. 戒除一些对身体有害的不良习惯

充分认识吸烟、酗酒、赌博对中年人的身体有百害而无一利，要坚决戒除。现代医学证明吸烟与许多癌症之间存在因果关系，吸烟可损害中枢神经系统，使人头晕、失眠、神经衰弱等。过度饮酒也会严重损坏身体健康，如思维能力、判断力下降，记忆发生障碍，言语失去控制等。

4. 保持科学的生活方式

中年人应合理安排生活，做到起居有节，劳逸结合。合理搭配饮食结构，保证充足的蛋白质和维生素的摄入，鱼虾、肉类、奶制品、豆制品、蔬菜、水果都富含人体所需的各种微量元素，是保证身体健康的物质基础。

二、成年中期的心理保健

1. 情绪调节

情绪是心理健康的窗口。健康情绪的标志是情绪的目的性恰当，反应适度，正性作用强。情绪会干扰大脑的功能，愉快的、积极的情绪会促进大脑功能的发展，而不良的、消极的情绪会使人体激素、免疫功能等发生不正常的波动，从而导致身心疾病。中年人的情绪调节一方面是培养良好的品行和性格以拥有和保持良好的情绪；另一方面应学会克制，约束某些情绪的表达，寻找适当方式疏导、宣泄一些不良情绪。

2. 自我意识的调节

有些人常常过高地估计自己的能力,把自己的理想和抱负定得过高,当理想与现实产生巨大的差异时,就会终日郁郁寡欢,中年人应学会剖析与认识自己,对自己的能力应有正确的估计和认识,能在不违背社会规范的情况下作有限的个人发挥。要量力而行,切不可急躁冒进。此外,中年人应该正确判断自己擅长做什么,哪些事情能比别人做得好。同样,你也应该知道自己的弱点,有哪些事情自己做不好或者根本不会做。例如,你对数学不感兴趣,而是对文学创作感兴趣,那么,就不要强迫自己成天干与数学有关的工作,即使这种工作使你收入颇丰。人到中年,你应该进入自己喜欢干并且善于干的工作或领域。总之,一个能把自己的目标和要求定在自己的能力范围之内的中年人,自然就会事业有成,心情舒畅。

3. 培养坚强的意志

坚强的意志是心理健康的良好表现,一个意志坚强的人,在不幸与挫折面前,从不怨天尤人、悲观失望,在逆境中能看到希望,坚定自己能战胜挫折的信心。要学会忍耐寂寞,在人的一生中,中年时期要相对寂寞些,但只有具有坚强意志,耐得住寂寞的人才会比别人有更多的收获。

4. 既要不断充实自己,又不要过分苛求自己

充实自己很重要,只有有准备的人,才能在机遇到来时,不留下失之交臂的遗憾。生活在现代社会的中年人,应不断学习,努力提高自己的工作水平和业务能力,经常将自己的能力与环境的需要进行比较,找出差距,不断改进。只有这样,才能适应社会发展的需要,跟上时代前进的步伐,才能保持良好的情绪。此外,中年人也不能过分苛求自己,

第十章 创造与责任是压力还是动力——成年中期的心理特征

如果经常制定一些超出自己能力的要求和目标,则常会使自己处于失望与压抑之中,从而极大地影响自己的情绪。

人到中年,由于工作、学习紧张,家务拖累,许多矛盾得不到妥善解决,思想、情绪常处于紧张、焦虑、忧郁或压抑状态。因此,首先要正视现实,适应环境,要提出与自身情况相符合的奋斗目标,不要好高骛远,更不要消极悲观,应该有务实的态度,保持乐观的心理,要从积极意义上看待社会,看待人生。中年人因终日操劳,尤其应注意劳逸结合。要培养广泛的兴趣,安排一定的娱乐、运动时间,同时要善于运用理性调节控制情绪,时刻保持一个良好的心态,做到乐要适度,怒有分寸,积极参加各项社会活动,以分散、转移或取代不良的消极情绪。对子女工作、学习等问题要正确对待,处理好人际关系和各种矛盾,做到从客观实际出发,不急于一下子解决所有的矛盾和困难。面对困难更要加强修养,陶冶情操,不断提高自身素质,发挥潜力,充分施展才华,使自己更加坚强起来。

一个心理健康的人才能在复杂多变的社会中,维持身心功能协调、稳定、和谐地发展,才能随时驱除各种不良的心理状态,才能成为品德高尚的人,才能成为社会需要的人才。中年人的心理健康和生理健康一样不容忽视。

一个健康的人不仅要有强壮的体魄,以抵御各种疾病的侵蚀,还应具备健全的精神状态,良好的心理平衡和调节能力,以应付各种不良的心理刺激,提高自己在社会中的适应能力。

人到中年,失去了生理健康是可惜的,而丧失了心理健康则是可悲的。许多中年人因各种原因而忽视了身体健康,轻者中年早衰,重者落下终身疾患甚至"猝死",而成为"多事之秋"的飘零落叶,给社会和家庭造成重大损失和永远的遗憾。只有心理健康的人才能把握自己,适应环境,并能面向未来,勇于进取,自强不息,有所创造,有所作为,显示出生命的价值。现代医学证明,信仰破灭、压迫感、长期处于应激状态、多疑、骄傲和自卑、说谎、嫉妒、忧虑、无端恐惧等都是不健康的心理表现,都会不同程度地影响身体健康。一个徒有强健体魄而心理不健康的人将会因不适应社会变化而失魂落魄,碌碌无为,将会因不思进取而随波逐流,在不知不觉中消磨掉锐意进取的雄心,最终被社会所抛弃。

第十一章　再度精彩的旅程

——成年晚期的心理发展

进入老年期后，大多数人会离开工作领域。他们逐渐掌握了一个人生活的意义，并最终要准备迎接他们肉体存在的结束。过去只有很少的人能活到老年，老年因而成为一种比例非常小的人群类别。而现在，绝大多数人都能活到高龄。其实对于不少人来说，老年可能包含了长达三分之一的生命时光，在法语中，老年意味着第三次生命，也是生命再度精彩的历程。

成年中期阶段，除了更年期有些特殊反应之外，生理与心理相对稳定，这个阶段的后期开始进入逐渐衰退的成年晚期，这是人生中经历的最后阶段。这一阶段的基本特征就是衰老，其变化明显高于成年初期和中年期，由老年人的衰老导致认知活动、情绪情感、个性心理特点等都发生了重要的变化。

人的一生中有三次大的心理诞生：同母亲的分离，同家庭和同辈集体的分离以及同自我的分离。婴儿心理诞生的标志是同与母亲融为一体的状态的分离,随着生理自我的形成,儿童期开始了。青春期心理诞生是与家庭、同辈团体的分离,导致在自我同一性中社会自我和心理自我的诞生。人的最后一次心理诞生是同自我的分离,当一个人理性地对死亡采取了接受的态度后,便有可能经历人生最后一次心理诞生,与自我的告别把个体同更多的人,同整个人类联系起来,通过子女后代,通过对人类文化的贡献,通过回归大自然而赋予老年期生活的意义。

第一节 成年晚期的生理变化特征

老年人的视力开始出现严重的问题,光感觉、颜色知觉、深度知觉等都出现了问题,多数人会患眼疾病,有的还会导致失明。听觉能力也进一步下降,一般老年人都会出现耳聋的现象,所以与老年人说话,常常要用大声。味觉、嗅觉也在衰退,特别是嗅觉,在80岁以后下降得非常迅速。

人的心理活动是外界刺激通过感觉器官作用于大脑的结果,没有感知觉接受外界的各种刺激,心理活动就成了无源之水。因此,感知觉是论述所有心理活动的出发点,老年期的心理变化也是从感知觉的渐变开始的。老年期感知觉变化的一般特征是:各感觉系统出现普遍的退行性变化,对外界刺激的反应敏锐度下降,感知时间延长。在这里举些例子来说明。

1. 视觉

老年人的视力水平,在60岁以后急剧衰退,据统计,70岁健康老人的视力超过0.6的只有51.4%,其中近距离视力比远距离视力减退得更为明显,出现所谓的"老花眼",老人们读书看报时常常要将书报拿得远远的，或者需佩戴老花镜（凸透镜）来纠正。

2. 听觉

听力上，老年人的高音听力比低音听力衰退得更显著，这就是为什么老人更喜欢听中音和低音音乐的原因所在；而且，老人对声音的辨别能力也在减弱，特别是在不良听觉条件下或有噪音背景的情况下。因此，在日常生活中有时会发现，与家人一起坐在客厅里看电视，旁边有人闲谈时，老人对电视情节的理解能力往往会下降。

3. 味觉

我们常听到老人抱怨现在的食品食之无味，事实上，食品的味道并没有变差，而是老人对甜、酸、苦、辣、咸五种味觉要素的敏感程度减退了。因此，老人往往错误地认为过去那些美味的食品现在都变得乏味了。老人对食物的抱怨还有一个可理解的原因就是嗅觉功能的衰退，老人对食物散发出来的香气的感受性变差了。

4. 皮肤感觉

老年人的皮肤感觉也逐渐老化。比如触觉，老年人的眼角膜与鼻部的触觉降低得较为明显，所以，他们对流眼泪或流鼻涕常常毫无知觉，需要别人加以提醒。在温度觉方面，老人对低温的感觉变得迟钝，因此有些老人在室温降低时也往往不觉得冷。

第二节 成年晚期的智力发展

智力是大脑的功能，是由人们认识和改造客观事物的各种能力有机组合而成，主要包括注意、观察、想象、思维、实际操作和适应等能力,其中以思维能力为核心,它保证了人们有效地进行认识和实践活动。智力是一种稳定的心理特点,它是在人们具体的行为活动中显示出来的。

老年人的智力是否衰退,这是老年人十分关心的问题。科学研究发现,人出生时的大脑细胞有 140 亿个左右,随年龄增长,人的脑细胞不断死亡。进入老年期后,脑功能逐渐衰退,但由于生存着的其他脑细胞的代偿作用,大脑的活动功能仍能维持,保持正常的智力。

老年人的智力并非人们所以为的那样会全面退化,只是在某些方面有所衰减。晶态智力如知识、理解力等,由于老年人阅历广,经验多,这种智力易保持(甚至会增长),只在 80 岁以后才有明显减退;液态智力例如记忆、注意、思维敏捷性和反应速度等,这种智力减退得较早,也较快,一般在 50 岁以后就开始下降,60 岁以后减退明显。以上两种智力的变化并不是平行的,也就不能笼统地说智力随年龄增长而减退。

记忆是指人们将感知过、思考过、体验过、操作过的事物的印象保持在头脑中,以后又在一定的条件下以再认、再现的方式表现出来或者回忆起来的心理过程。心理学家的研究认定了记忆和年龄之间存在这样一种关系:假定 18—35 岁的人的记忆成绩为 100,那么,35—60 岁的人的记忆成绩就为 80—85,60—85 岁的人则为 65。可见,人的记忆随着年龄增加而有所下降。

成年晚期的记忆主要有以下几个特点:

1. 从记忆过程来看

瞬时记忆(即保持 1—2 秒的记忆)随年老而减退,短时记忆（即保持 1 分钟以内的记忆）变化较小，老年人的记忆衰退主要是长时记忆（即所记内容在头脑中保持超过 1 分钟直至终生的记忆）。实证研究发现，老人对年轻时发生的事往往记忆犹新，对中年之事的回忆能力也较好，而仅对进入老年后发生的事遗忘较快，经常记忆事实混乱，情节支离破碎，甚至张冠李戴。

2. 从记忆内容来看

老年人的意义识记（即在理解基础上的记忆）保持较好，而机械识记（即靠死记硬背的记忆）减退较快。例如，老人对于地名、人名、数字等属于机械识记的内容的记忆效果就不佳。

3. 从再认活动来看

老年人的再认活动（即当所记对象再次出现时能够认出来的记忆）保持较好，而再现活动（即让所记对象在头脑中呈现出来的记忆）则明显减退。

由此可见，成年晚期的记忆衰退并不是全面的，而是部分衰退，主要是长时记忆、机械记忆和再现记忆衰退得较快。以美国前总统里根为例，他在晚年时患有严重的老年痴呆症，记忆力急剧下降。当里根的养子去探望他时，里根常想不起养子的名字，只有当他知道他是谁时，才紧紧地拥抱他。里根对他的护士说，他觉得前来探望他的前国务卿舒尔茨好像是一个大名鼎鼎的人物，但又记不起他叫什么名字。里根的这一系列表现说明，老年人记忆力的减退主要是信息提取过程和再现能力的减弱，而识记的信息事实上仍然可以很好地保持或储存在大脑中。根据以上生理规律，如果能够经常提醒老人回忆往事，是有助于减缓记忆力的衰退速度的。

当然，记忆力的下降也给老人的生活带来了许多的不便。例如，有的时候眼镜明明架在鼻梁上却到处找眼镜，出门经常忘带钥匙，烧开水不记得关火，饭煮熟了却忘了关煤气，记忆不好在无形中甚至增加老人的危险。

成年晚期的智力是部分衰退而非全面衰退，还体现在老人的动作性智力下降得较为显著，60岁就开始衰退，而语言性智力则保持得较好，80岁以后才有明显地下降。例如，在舞台上看到许多老的相声表演艺术家，他们的口头语言表达能力到年迈时仍然"宝刀未老、威力不减"，但动作表演能力就难免有些"力不从心"了。

俗话说："家有一老，如有一宝。"事实上，我们不能否认，老年人一生阅历广博，经验累积，具有丰富的智慧。老年人的分析能力、判断能力和思维能力的精细程度，对复杂事物的高度洞察力，与中、青年人的智力水平相比并不逊色。许多事例证实，很多人在晚年依然保持着旺盛的创造力。著名经济学家马寅初在古稀之年创立了"新人口论"，美国发明大王爱迪生在81岁时获得了他的第1033项发明专利，世界著名画家毕加索90岁时还在绘画雕刻，孙思邈在百岁高龄完成了他的第二部医学巨著《千金翼方》等等，不胜枚举。

有人对自然科学、社会科学等各个领域内的名人进行过年龄统计分析，结果显示，60岁以后出成果的人数比例从高至低依次为：哲学、医学、美术、文学、自然科学等。可见，凡与人生阅历和实践经验（即晶态智力）关系密切的领域较多出现大器晚成的学者和科学家。换句话说，老年人的智能有着很大的可塑性和提升空间，活到老，学到老，是可以增进老人的智力水平的。通过持之不懈的学习、锻炼和积累，往往可以使老年人的智力水平发挥得更好、更充分。

第三节 成年晚期的情绪情感变化

情绪、情感是人对客观事物是否符合自己的需要而产生的态度和体验。人在认识世界和改造世界的过程中,与周围环境不断互动,与现实事物发生多种多样的关系,对现实事物也会产生一定的态度,这些态度总是以带有某些特殊色彩的体验的形式表现出来的,如喜、怒、哀、乐、惧、爱、恨等,情绪、情感指的就是这种内心的主观体验。

进入老年期后,随着成年晚期生理机能的老化和健康状况的衰退,离退休后脱离了原有的工作岗位,家中子女又逐渐独立并成家立业,老年人的生活环境和角色地位发生了较大改变,因此,老年人的情绪和情感也呈现出新的特点:

其一,老年人关切自身健康状况的情绪活动增强。随着年龄增长,健康状况日益下降,老年人变得更加关注自己的身体,对于疾病较为重视。尤其是老年女性,怀疑自己患病和有失眠现象的显著多于男性。

其二,老年人对于自己的情绪表现和情感流露更倾向于控制。老人在日常生活中常常会掩饰自己的真实情感,如遇喜事,他们不再欢呼雀跃,如遇悲事,也不易痛哭流涕。

其三,消极悲观的负性情绪逐渐开始占上风。例如,提及社会中的腐败和不道德现象,老人就常抱怨世风日下,今不如昔;谈到舒适享受,老人往往只感叹"只是近黄昏"。一项调查显示,在描述自己情感的用词中,老年人用以表达喜悦情绪的用词明显少于中青年人。

一般来说,成年晚期比较多地表现出下列消极的情绪和情感:

1. 失落感

失落感即心理上若有所失、遭受冷漠的感觉。离退休后，老年人的主导活动和社会角色发生了改变，从工作单位转向家庭，他的社会关系和生活环境较之以前显得陌生，加上子女"离巢"，过去那种热情、热闹的氛围一去不复返，对新的生活规律往往又不能很快适应，一种被冷落的心理感受便会油然而生。

2. 孤独感

从客观上讲，由于子女逐渐独立，老年人又远离社会生活，自己体力渐衰，行动不便，与亲朋好友的来往频率下降，信息交流不畅，因此容易产生孤独感。在主观方面，老年人具有自己既定的人际交往模式，不易结交新朋友，人际关系范围逐渐缩小，从而引发封闭性的心理状态，这是老年人孤独情绪形成的重要原因。有专家曾对13693名城市老年人调查，发现40%的老人有孤独、压抑、有事无人诉说之感。

3. 疑虑感

尽管年岁日增，但老年人常常自觉经验丰富，才能不凡，一旦退休就无从发挥，自尊心受挫，大有"英雄无用武之地"的感叹，于是空虚、寂寞、受冷落之感袭上心头，往往误以为自身价值不复存在，久而久之就会低估自己甚至看不起自己，这种自卑感一旦形成，老年人就会经常对自己产生怀疑，忧心忡忡，表现出过分的焦虑。

4. 抑郁感

以上失落、孤独、自卑、疑虑的情绪情感对于老年人的心理都会产生负面的影响，而且老年人在现实生活中容易遭受挫折，不顺心、不如意之事时有发生，例如，遇到家庭内部出现矛盾和纠纷,子女在升学、就业、婚姻等方面有困难,自己的身体又日趋衰落,疾病缠身,许多老人就会变得长吁短叹、烦躁不安、情绪低落或者郁郁寡欢,这些都是抑郁的表现。

5. 恐惧感

随着身体的老化,老年人变得越发害怕生病,一方面是担心生病后自己生活难以自理,给家人和晚辈带来麻烦,变成家庭的累赘;另一方面,一旦生病,特别是重病,老年人似乎就感觉离死神不远了,因此,老年人对疾病和死亡通常会产生恐惧感。

第四节 空巢现象

空巢家庭是家庭生命周期中的一个阶段。所谓空巢家庭,是指子女长大成人后从父母家庭中相继分离出去后,只剩下老年一代人独自生活的家庭。就像小鸟长大展翅飞翔,远走高飞一样,巢穴中再也没有嗷嗷待哺的雏婴了。而一旦配偶去世,则家庭生命周期进入鳏寡期。空巢期与鳏寡期对成年晚期来说是生活中容易发生困难的两个重要阶段。

在统计上,通常将只有夫妇两人的家庭户及老年人独居的一人家庭户合计作为空巢家庭户的数量。根据全国第五次人口普查,2000年,有65岁及以上老年人的家庭户(注释:第五次人口普查数据只提供了65岁的家庭户资料)占全国家庭户总数的20.09%(即1/5)。全国有65岁以上老年人的家庭户中,空巢家庭户占22.83%,其中,单身老人户占11.46%,只有一对老夫妇户占11.38%。地区之间的差异悬殊。有65岁及以上老年人家庭户中空巢家庭户的比例，山东省最高，达到36.05%，其次是浙江省，达到35.12%，均超过1/3。上海（29.37%）、天津（28.20%）、江苏（27.48%）、黑龙江（27.21%）、辽宁（27.08%）、山西（27.00%）、河北（25.39%）及北京（25.00%）的比例也超过或达到1/4。

空巢家庭的出现是社会发展的趋势、社会进步的体现及人们价值观念改变的结果。在发达国家，空巢家庭出现较早，现在十分普遍，老年人与子女同住的只占10—30%，而发展中国家达到60—70%。美国第二次世界大战前，52%的老年人与子女同住，到80年代，只有百分之十几。独居老年人占较大的比例。如在比利时、丹麦、法国和英国，80年代初，全部家庭户中65岁以上独居者占11%。瑞典独居老年人达到40%，即每10个老年人中就有4人独居。现如今，发达国家中，除了日本，大多数老年人均生活在空巢家庭，与子女分居。

我国经济实力的提高从主观和客观两方面促成了空巢家庭的迅速发展。随着社会转型加快，代沟越来越突出。物质生活水平提高后，人们追求精神生活，老少两代人都要求有独立的活动空间和越来越多的自由，传统的大家庭居住方式已经不适应人们的需求，小家庭被普遍接受。我国的家庭正趋向核心化和小型化。近几年，我国城市居住条件显著改善，子女首先搬入新家，离开原先一起居住的父母。农村掀起建房热，农村青年婚后一两年建立自己的小家庭在许多地区已经成为一种时尚。迁入新住宅往往成为代际之间分离的契机。

我国实行计划生育政策已二十多年，二三十年后，随着独生子女逐渐进入中年，他们的父母进入老年，空巢家庭将越来越多。可以预料，空巢家庭将是 21 世纪我国城市甚至许多农村地区老年人家庭的主要模式。

空巢家庭的增加对传统的家庭养老观念产生强烈的冲击。我国尊老、敬老、养老的优良传统正是通过大家庭的居住方式来体现的。如今，子女离开家庭从空间上对老人在经济上依靠子女造成困难，日常生活照料失去了依靠，精神上失去寄托，特别是进入鳏寡期的老年人，他们面临的困难更大。

经济上，在空巢家庭中，有一部分老年人独居，其中不乏经济贫困者。2003 年，北京市 6000 名享受城市低保的老人中，就有 4500 名是空巢老人。生活上，老人身体好，生活尚能自理，一旦生病，子女不在身边，生活中就会有诸多不便。而老年人发病往往具有突然性，家中无人，或抢救不及时，上述现象就难以避免。精神上，空巢老人无法享受过去大家庭的天伦之乐，加上文化程度低，不易启发自己的兴趣爱好，离开子女时间久后容易产生孤独感。家里四处静悄悄，没有生气。他们有心里话没处述说，有时间没事可打发。这样的老人很可能出现抑郁症状，精神寂寞、孤独，觉得生活没有意思，经常回想往事，感觉失落、悲观。经常独处、很少与人交流的老人往往容易产生悲观情绪，有的人甚至会产生自杀行为。

环境变化提升了空巢家庭问题。改革开放，社会体制发生变化，从单位人向社会人转变。居住条件变化，过去的大家庭、大杂院转变为小家庭、单元房。老年人与单位的联系少了，与邻居的交往减弱了，这一系列变化使得子女不在身边的空巢老人面临的问题更加突出。

实行计划生育以来，独生子女家庭迅速增长。在这个世纪初，他们将陆续结婚、生育。独生子女之间通婚，在一定时期内，他们将面临一对夫妇赡养四位老人的情况，人们称之为"四、二、一"家庭，即一对夫妇两个人供养四位老人和一个孩子。城市老人多数有退休金，经济赡养问题还不大；而对于农村子女来说，向老人提供生活照料，就是一个几乎无法承受的负担。在人口老龄化与改革开放的新形势下，家庭的供养资源正在减少，供养力下降，传统的家庭养老正受到前所未有的挑战，作为养老制度顶梁柱的基石在动摇。21世纪，空巢家庭将会成为社会面临的突出的老龄问题。

人口预期寿命的延长和生育率的下降，使人口老龄化步伐加快，目前，我国已步入老年型年龄结构的国家行列。2000年，我国老年人口已达1.3亿，且每年还在以3%的速度增长，80岁以上的高龄老人更是以每年5%的速度递增。空巢老人作为老年人中的一个特殊群体，他们的数量和比例更是以前所未有的速度增长，如何使这部分老年人安享晚年已成为一个亟待解决的社会问题。

空巢家庭问题实质是老年安全带发生危机。随着年龄的增长，老年人的生理功能逐渐衰退，他们在行动上越来越无能为力，对他人的帮助的依赖性越来越高，脆弱性越来越强。他们越来越像儿童，逐渐成为一个脆弱者，需要家人的帮助，换句话说，他们越来越需要监护人。空巢家庭的含义就是老年人身边缺少监护人，他们与家人及社会之间的信息发生了断层，因此，导致老年安全带出现问题、松弛甚至断裂。

解决空巢家庭问题是一个需要家庭、社区、社会、政府以及个人共同努力的综合性问题。

老年人自身要主动进行自我调整。

首先，要善于安排好自己的生活，应对自己身体突发不适有思想准备，可以事先与子女、亲友、邻居、社区工作者、单位同事打招呼，以便在紧急时求得帮助。

其次，应该增强心理上的自立程度。克服孤独感的有效途径就是寻找精神寄托，充实新的生活内容，提升生命的意义。寻找精神寄托的方式有许多，如：

① 增强人际交往，向朋友倾诉自己的苦闷与烦恼，抒发感情，开阔视野。

② 参加各种文体活动，丰富自己的晚年生活。

③ 积极参加社会交往，就地帮助居委会做些力所能及的工作，把自己融入社会之中。

第三，要提前做好心理准备，即当子女到了"离巢"年龄，自己就要有充分的心理准备，逐步减少对子女的依恋。

家庭成员要尽可能帮助老年人。

配偶要关心老伴，不仅在日常生活方面，还要关心老伴的心理健康，多给予精神上的安慰。

子女应该帮助老年父母安排好日常生活，保持与父母的联系。在精神上要关心父母，经常回家看望，伸手帮一把，听听他们的要求和需要。即使不能回家，也要经常打电话问候，加强彼此之间的交流和沟通，这样就能够缓解老年父母的困难。

在居住方式上，老少两代人应就近居住，缩短相互之间的空间距离。"一碗汤"已经被越来越多的人接受，即：子女与老人居住距离以送一碗汤到老人家不凉为宜。子女与父母住同一小区、同一栋楼甚至同一层楼的不同单元都有利于成年子女对老年父母的关照。

大力发展社区服务，深挖潜力，提高社区的自助、互助能力。

发达国家空巢老年人多,与发达国家的社区服务业比较完善有关。老人住在自己家中,生活中的医疗保健需求主要依靠家庭服务员。这样,既可以节省经费,又可以让老人的生活不脱离社区,并有利于老人与子女、亲属的接触。

第五节 成年晚期的心理及心理健康保健

老年人心理健康的标准大体上可以概括为如下五条:① 能够正确地对待老和死;② 能够经常参加社会活动;③ 情绪稳定,适应能力强;④ 能够多接触新鲜事物,努力阻止思想僵化;⑤ 能有较强的自信心。综合国内外专业人士对老年人心理健康标准的研究,结合我国老年人的实际情况,老年人心理健康的标准基本可以从以下五个方面进行界定:

① 有正常的感觉和知觉,有良好的记忆并能进行正常的思维。具体表现在:在判断事物时,基本准确,一般不会发生错觉;回忆时,记忆清晰,不发生大的遗忘;分析问题时,条理清楚,不会出现逻辑混乱;回答问题能对答自如,不答非所问;在平时生活中,有比较丰富的想象力,并善于用想象力为自己设计一个愉快、现实的奋斗目标。

② 有健全的人格,情绪稳定,意志坚强。具体地说就是积极的情绪多于消极的情绪,能够正确评价自己和外界的事物;能够控制自己的行为,办事较少盲目性和冲动性,意志力表现非常坚强,能经得起外界事物的强烈刺激;在悲痛时能找到发泄的方法,而不至于被悲痛所压倒;在欢乐时能有节制地欢欣鼓舞,而不是得意忘形和过分激动;遇到困难时,能沉着地运用自己的意志和经验去加以克服,而不是一

味地唉声叹气或怨天尤人。

③ 有良好的人际关系。乐于帮助他人，也乐于接受他人的帮助；与家人能保持情感上的融洽，能得到家人发自内心的理解和尊重；在外面，与过去的朋友和现在结识的朋友都能保持良好的关系；对人不求全责备，不过分要求于人；对别人不是敌视态度，而从来都是以与人为善的态度出现；无论在正式群体内，还是在非正式群体内，都能有很强的集体荣誉感和社会责任感。

④ 能正确地认知社会，保持不卑不亢、平和的心态。如对社会的看法，对改革的态度，对国内外形势的分析，对社会道德伦理的认识等等，都能与社会上大多数人的态度基本上保持一致。否则，就会因为过于特立独行而受到社会的排斥，影响老年人的正常社会交往，将会直接影响老年人的心理健康。

⑤ 能保持正常的行为。能坚持正常的生活、工作、学习、娱乐等活动。其一切行为符合自己在各种场合的身份和角色。

以上这五个方面只是界定老年人心理健康的基本标准。不同的专家学者可能由于各自喜好或专业背景的不同而有着不同的标准。但无论什么标准，几乎大体上都认同最重要的一条——基本正常——即说话办事、认识问题、逻辑思维、人际交往等都在正常状态之中。老年心理保健的根本目的也就是为了通过各种方式和手段，根据老年人的心理特点并结合相关的心理专业知识，来达到为老人营造健康幸福的老年生活的目的。

未名·轻松阅读·心理学系列丛书

崔丽娟　主编

1. 健康,从心开始:解密健康心理学　　何小蕾著

本书从健康概念入手,概述健康心理学的基本理论及基本方法以及如何进行健康心理治疗,并告诫读者哪些行为威胁你的健康,哪些疾病与心理关系密切以及如何预防。

2. 人心可测:心理测量通俗读本　　王晓丽著

面对满天飞的心理测验,你一定想知道,什么是心理测验?通过心理测验能了解自己吗?心理学家是怎样测量人格的?心理测验标准是什么?我们自己怎样使用测验?看了以后你一定会得出与本书书名一样的结论:人心可测。

3. 无价之"薪":工作中的心理管理　　孟慧　李永鑫著

无庸置疑,管理发展到今天已到它的高级阶段——文化管理,这是一种以人为本的管理。《无价之"薪":企业中的心理管理》告诉你人性是什么?怎样调动员工积极性?如何有效地领导,如何吸引、选拔、评价优秀的人才?这是一本企业领导者、管理者、员工都应该读的书。

4. 心理王国自由行:普通心理学通俗读本　　许静著

本书是普通心理学的通俗读本,简明地介绍了人脑、感觉、知觉、意识、记忆、思维、情绪、动机、气质、性格及能力方面的知识。让你在很短时间里,轻松了解心理学的一般知识,这是一本很好读的书。

5. 人格魅影:祛魅人格心理学　　戚炜颖著

本书是专门介绍人格理论和知识的通俗读本,如果你想要了解人格理论的各个流派及人格的评估、人格障碍及人格治疗的知识,这是一个非常好的入门书。

6. 菊花心语：生活中的心理咨询　　　柳菁著

生活中你经常会有焦虑、抑郁、职业倦怠等等症状吗？如果你能进行有效的心理咨询，这些问题会得到解决的，那么什么是心理咨询？东西方的心理咨询是一样的吗？现代社会的心理咨询是怎么回事？心理咨询与心理健康有什么样的关系？本书作者对你的这些问题都会有简明清晰的回答，读完之后，你一定会有品味菊花茶后的余香。

7. 心理实验室：走近实验心理学　　　周颖著

有人认为心理学是心理学家的主观臆断，因此要姑妄听之。本书告诉你实验心理学是一门科学，也许正是因为这门学科使心理学从附属哲学的地位转为理科。《心理实验室：走近实验心理学》用通俗的语言和经典的案例介绍了实验心理学的理论及知识。

8. 天使之心：儿童心理的形成与发展　　　刘俊升著

哪一个家庭都希望有一个健康的孩子，这里不仅是身体健康，更主要的是心理健康，尤其是后者直接决定了孩子他一生是否快乐，因此了解儿童心理是怎样形成和发展的，是非常重要的事情。《天使之心：儿童心理的形成与发展》一书是年轻父母们的首选读物，这本书注意到科学性与实用性的结合，所以在了解系统的儿童心理学的同时，又对实际培养我们的孩子有重要的指导价值。

9. 积极心理学：阳光人生指南　　　郝宁著

积极心理学课程在哈佛已经取代曼昆的"经济学导论"，成为选修人数最多的一门课程！本书告诉您：怎样才能幸福、每个人都是天才、聪明未必是智慧、如何经营幸福的婚姻生活、怎样让自己、让孩子有一个阳光人生！

10. 人生探脉：发展心理学通俗读本　　　姜月　王茜　杨宇然著

本书结合不同年龄阶段的发展特点，为个体成长提供合理建议，有助于读者真正理解并运用于实际研究和生活中，是一本发展心理学的普及读物。